德国百年烘焙世家经典配方

【德】海恩斯·韦伯 著

王玉燕 译

电子工业出版社

Publishing House of Electronics Industry

北京·BEIJING

前言

享受烘焙给我们带来的无穷乐趣！

烘焙已成为我们家庭生活的一部分，就如同 8 字形扭结面包上必不可少的粗盐粒儿和咕咕霍夫蛋糕上不可或缺的糖粉。150 多年来，我们韦伯家族一直是手工烘焙世家。很显然，在我还是一个小男孩时，大多数时光都是在家里的面包坊中度过的——也因此练就了一身本领，明白了要想烘焙出松脆酥软的面包、香甜的蛋糕和脆脆的小面包，具备上好的配料是多么重要。长大以后，我逐渐意识到，重要的远不止这些，还需要耐心以及能够准确把握时间的窍门。现如今，厨师被认为是一项非常酷的职业——我们身为烘焙师同样也超级酷！因为这门手艺历经几代人传承下来，如今再次备受关注，其内涵的持久与优质具有高度的现实意义。

我的父亲是一名非常优秀的烘焙师，他曾经对我这样说："美味需要时间。"他所指的意思是：要想完美制作出香甜的面包、松软的发酵面团和香酥的脆饼，需要的是静心。在烘焙过程中，人们必须静下心来，以使他们的特殊才能得以发挥。因为在此期间，制作面团会占用我们大量时间：面团醒发使其产生香味——直到达到完美的状态，让我们可以制作和烘焙出精美可口的面包、蛋糕和饼干。

因此，对我来说，烘焙的乐趣也在于那份宁静！即使您没有那么多时间，也可以相当轻松愉悦地烘焙。即使应当快速完成，也没必要放弃享受亲手烘焙的甜点所散发出来的诱人芳香。

在这本书中，您会发现我的那些最棒的烘焙食谱，它们均出自德国西南电视台（SWR）《甜点烘焙的无穷乐趣》节目。今天的烘焙不同于以往，所以我为这本书想出了一些与众不同的点子。我将告诉您如何制作自己最喜欢的糕点——用您家里的工具和原料，进行全新的制作。因为即使时代变了，大理石花纹蛋糕、柠檬蛋糕或松软香甜的辫子面包始终会令我们为之倾心。今天是这样的，至少，在未来的 150 年里仍会如此！

致以诚挚问候！

QUALITÄTS
G|U
GARANTIE

德国 GRÄFE UND UNZER 出版社

通过此书，我们为您提供信息和建议，从而使
您的生活变得更加轻松，同时也激发您不断去
尝试新事物。书中的每一处，我们都极其重视
其现实意义，对内容、外观及装帧均采取高标
准、高要求。所有的烘焙食谱配方和相关信息，
均为作者的力作，经过编辑们的精挑细选和反
复校验，最终成册。所以说，我们向您提供的
是百分之百的质量保证。

值得您信赖：
我们注重食谱的可信度以及它所赋予我们的灵感。
我们做出如下保证：
· 经过三重检验的食谱。
· 通过分步指导制作出精美的甜点，为您提供
　诸多温馨提示。
· 实景烘焙摄影图片。

德国 GRÄFE UND UNZER 出版社，成立于 1722 年

目录

前言

享受烘焙给我们带来的无穷乐趣！　3

基础烘焙食材简介　6

我最喜欢的烘焙用料：最佳品质　6

我最喜欢的烘焙用料：烘焙配料之星　8

温馨小贴士：烤箱、器具、模具　10

温馨小贴士：最佳烘焙小工具　12

黄油鸡蛋酥松饼　15

·分步指导：黄油鸡蛋酥松饼基础烘焙配方　16

·专家提示：制作黄油鸡蛋酥松饼注意事项　18

黄油鸡蛋酥松饼是制作水果和奶油蛋糕完美的基础用料——制作蛋糕顶层的糖粉奶油细末和小点心时，它也是不可缺少的！

发酵面团　47

·分步指导：发酵面团基础烘焙配方　48

·专家提示：制作发酵面团注意事项　50

总是少不了了"醒发"：制作发酵面团，需要合适的温度和醒发时间——这样才能使面团很好地发起来，从而做出各种形状的糕点！

软面糊　73

·分步指导：软面糊基础烘焙食谱　74

·专家提示：制作软面糊注意事项　76

只需搅拌：这种传统的基本面糊简单易做，可用于制作我们最爱的蛋糕，如：咕咕霍夫蛋糕或盒式蛋糕——变换花样超级简单！

戚风蛋糕　103

·分步指导：制作戚风蛋糕的基本步骤　104

·专家提示：制作戚风蛋糕注意事项　106

蓬松多孔：戚风蛋糕可快速制作、快速烘焙，是制作精美蛋糕极好的蛋糕底座！

果馅酥皮卷面团、烫面面团、酥皮面团　139

·分步指导：果馅酥皮卷面团基础烘焙食谱　140

·分步指导：烫面面团基础烘焙食谱　148

·分步指导：酥皮面团基础烘焙食谱　158

·专家提示：制作特殊面团的注意事项　160

薄如轻纱并总是带来惊喜：针对这些传统的甜点面团，人们在制作时可以卷起来、拍平、填充到模具中——做出来的每一种甜点保证都是物有所值。

面包 & 小面包　179

·分步指导：白面包基础烘焙食谱　180

·分步指导：发酵面团基础烘焙知识　182

·专家提示：制作面包 & 小面包的注意事项　184

超级松脆：烘焙大师海恩斯·韦伯面包坊的最佳烘焙食谱——味道浓郁、松脆、新鲜！

烘焙术语　228

索引　233

购买指南　239

基础烘焙食材简介

我最喜欢的烘焙用料：最佳品质

面粉、白砂糖、酵母、鸡蛋、黄油——无需太多配料，这些就足以在家烘焙出精美的甜点。

小麦面粉

我们可以买到不同型号（种类）的小麦面粉。型号表明粉碎度，即面粉中谷物表皮的含量比重。型号越小，面粉颜色就越浅。405 型号面粉是颜色最浅的，是我做蛋糕和饼干的首选面粉。做小面包我选择 550 型号面粉，烤面包则选用 812 型号或者 1050 型号面粉，或者使用未去除麦麸的粗面粉。

斯佩尔特小麦面粉

斯佩尔特小麦面粉富含蛋白质。这种面粉有利于健康，然而却有可能使烤出的甜点吃起来口感比较干。但是如果将面粉搅拌足够长的时间，就不会出现这种情况。此外，如果您想用斯佩尔特小麦面粉来代替普通小麦面粉，那么我推荐 630 型号的斯佩尔特小麦面粉。

黑麦面粉

黑麦面粉通常被我们用来烤面包，它不含所谓的谷朊（面筋），但对于制作出松软的面团却是很重要的。因此，我会借助于发酵面肥（老面），用非常传统的方法来烘焙黑麦面包。这样，面团就会很好地发酵，并使烤出的面包具有一种恰到好处的微酸口味。

淀粉

淀粉包含玉米淀粉或马铃薯淀粉，我们都可以买到。我通常喜欢使用的是玉米淀粉，它能使制作蛋糕的面团格外柔软细腻。布丁粉也是淀粉的一种，以最佳比例混合，能很完美地调和奶油的浓稠度。此外，它会使香草的味道发挥到极致 —— 但只是在使用含有真正香草的布丁粉时，才会有这种效果。

泡打粉、酵母和发酵面肥（老面）

为了使烤出的蛋糕和面包松软可口，我们可选择不同种类的发酵用品。在烘焙蛋糕制作面团时，我会使用泡打粉。为了避免食用时带有发酵粉的味道，我会注意精确的用量。在制作添加少量黄油的蛋糕面团、小面包和松软面包时，使用的理想膨松剂是酵母。与之相反，制作硬面包时，具有芳香气味的发酵面肥（老面）则是完美的选择。另外，对于制作发酵面团还有一个小提示：在我的烘焙食谱中，通常给出相对较长的发酵时间，这样烘焙出的糕点味道会更香。所以说，多花费一些时间是值得的。

鸡蛋

在我的烘焙食谱中，通常使用中等大小的鸡蛋，其重量一般在 45~55 克之间。对于鸡蛋的大小我总是要作出准确说明。因为假如您使用太大个的鸡蛋，在烘焙过程中面团因膨胀，有可能从糕点模具里溢出来或者令甜点的奶油夹心过于稀软。

黄油和食用油

在此我明确表态：要使用黄油制作甜点，这样烘焙出的甜点口感不会太油腻。用于烤熟的甜点，我选择的是可以高温加热的植物油。而少量的人造黄油，比如在制作碱水 8 字形扭结面包时（见第 218 页），可以增加面团的黏稠度及柔韧度。

白砂糖、蜂蜜和甜菜糖浆

烘焙糕点时我选用的是白砂糖。偶尔也会根据需要加入甘蔗糖，它是从甘蔗中提取的，口味极好。我同样也喜欢使用蜂蜜，它有助于令烘焙的甜点长时间保鲜。甜菜糖浆是我烤面包时的最爱，因为它不仅使面包具有芳香气味，而且也使面包的色泽看上去更好。

鸡蛋

甜菜糖浆

小麦面粉

淀粉

白砂糖

甘蔗糖

黄油

斯佩尔特小麦面粉

发酵面肥（老面）

新鲜酵母块

泡打粉

布丁粉

我最喜欢的烘焙用料：烘焙配料之星

烘焙就如同拍电影一样，即使是剧中的配角，也必须要非常出色。这样才能增光添彩，在某种程度上发挥出各自的作用。

食用明胶

食用明胶是我在烘焙过程中不可缺少的配料。它在填充奶油以及水果夹心时可以增加稳定性。食用明胶有片状的和粉末状的，6 片食用明胶相当于 1 小袋食用明胶粉。二者的加工处理方法是一样的：首先将其浸泡在水中，通过加热使其溶解，趁热搅拌好以后冷却放置（见第 229 页）。

可可粉

置身于超市中，总少不了"选择的痛苦"：烘焙所用的可可粉有含 20% 可可脂的低脱脂可可粉和可可脂含量 10% 的高脱脂可可粉。如果您不确定，可以按照我的方法来做。烘焙甜点时，我采用低脱脂可可粉，它的芳香气味更浓郁，并会使面团变成诱人的巧克力色。高脱脂可可粉我则用于制作巧克力饮品，因为它在液体中更易于溶解。

烘焙用巧克力块

烘焙用巧克力块主要用于装饰和浇注甜点，它会使蛋糕和饼干看起来熠熠生辉。在加工处理之前，必须先将其融化，专业术语称其为"恒温处理（回火）"。我最喜欢使用黑巧克力块，将其按照下面三个步骤进行恒温处理：先将巧克力块捣碎，取其三分之二放置到金属碗中，将碗置于装有热水的锅里，使巧克力碎块融化 —— 此时的最高温度不超过 50℃。然后从锅中取出金属碗，加入余下的三分之一巧克力碎块，并加以搅拌使其融化。因为在此过程中，已融化的巧克力会冷却，所以紧接着我会将它再次放到水温为 30℃ ~32℃ 的锅里。这种备好的已融化巧克力在晾干之后，会有一种如丝般的光泽。假如巧克力块由于融化时的温度过高而没有产生这种光泽，它的味道也是

完全一样的。

杏仁、坚果仁、水果干

蔓越莓与甜点烘焙向来是密不可分的，相比较而言，原产自加拿大的蔓越莓干在烘焙中则是新宠。两者都会为烘焙的甜点增加香甜气味，尤其是放在发酵面团中，口味会更好。对于坚果甜点，我的建议是：杏仁和坚果在加工处理之前，先轻微烤一下。为了使面团保持鲜亮的颜色，我会专门选用去皮的坚果仁和杏仁。为此，我通常购买完整的杏仁和坚果，亲自将其去皮并碾磨。

杏仁泥

这种稍微有些湿度的块状杏仁泥是由相同比例的杏仁和白砂糖混合而成的。制作糕点时，我喜欢加入杏仁泥来增加其香味。将杏仁泥与等量的糖粉揉到一起，易于做成各种形状。比如说，做成小胡萝卜蛋糕的装饰（见第 92 页）或用来装饰光滑的蛋糕涂层（比如用于萨赫蛋糕，见第 100 页）。

香草与柠檬皮

香草和柠檬皮绝对是我在烘焙时最喜爱的调味香料！它们赋予每一种甜点某种特定的味道。我一般直接从香草荚上刮下香草籽，选用香草细砂糖时，我则偏爱使用波本威士忌香精。对于烘焙时使用的柠檬皮，我只选用有机柠檬，它的表皮未经化学处理。尽管如此，在使用之前我还是要把它放入热水中清洗后再晾干。擦柠檬皮时我选用的是优质的 Microplane 牌子的锉刀（见第 13 页图片）。因为这样确实可以保证被擦掉的只是含有香精油的柠檬外层表皮，而不是带有苦味的柠檬皮白色部分。

食用明胶

榛子仁

核桃仁

蔓越莓干

葡萄干

杏仁

杏仁泥

可可粉

柠檬皮碎

香草荚

白巧克力块

纯牛奶巧克力块

黑巧克力块

温馨小贴士：烤箱、器具、模具

以前，甜点烘焙是一件耗时又费钱的事情。如今却变成了一项轻松愉快的工作。因为诸多优质的家用小工具成为我们的得力助手，在烘焙时为我们分担了很大一部分工作。

烤箱

在烤饼干和面包时，我几乎只用烤箱上层和下层。因为旋转烤制或热空气更容易使面团变干，尤其是在烘焙时间比较长的时候。小糕点和小饼干也可以采用旋转方式来烘焙。这种方式甚至可以节省时间，因为可以同时将两个烤盘放进烤箱里。喜欢烤面包和比萨的朋友们需要注意，应当让烤箱的烘焙温度达到280℃。

烘焙石板

这样的一块烘焙石板有许多好处，特别是在烤面包和比萨时，所以在我的面包烘焙食谱中，推荐使用烘焙石板。它具有良好的保温能力，可以长时间储存热量，在烘焙过程中将热量均匀散发出去。当打开烤箱门产生温度差异时，烘焙石板可以使烤箱更快地恢复温度。烘焙石板最大的好处是从下方散热——这样可以使面团更好地膨胀起来。比较柔软的面团在直接放入烤箱烘焙时，一般会出现变形的情况，这时使用烘焙石板就显得尤为重要。石板散发的热量会使面团膨胀得更高，而不会导致坍塌变形。

在专卖店里，我们可以买到不同材质、不同厚度的烘焙石板。我的烘焙食谱中推荐使用普通的、厚度为3厘米的耐火石板，用于烘焙就足够了。石板在烘焙前至少要预热40分钟，也就是达到食谱中所说的预热温度。

烘焙模具

烘焙模具包括圆形和长方形烘焙模具、咕咕霍夫蛋糕模具、蛋挞模具、玛芬蛋糕模具以及其他烤盘。它们的材质通常是涂层铁皮、镀锡铁皮、搪瓷或者树脂。我的烘焙食谱中，您可以选用标准尺寸的圆形蛋糕模具（直径为24厘米、26厘米和28厘米）。在专业的烘焙作坊里，我们使用相应尺寸的蛋糕模具圈来代替圆形蛋糕模具。将蛋糕模具圈置于烤盘上，再把面团填充进去。如果您想在家自己亲自试一下，也可以在网上购买这种蛋糕模具圈。

装发酵面团用的小篮子

这种用藤条编织的小篮子属于手工面包作坊的传统装备。它们可以给长条面包压出美丽的条纹。面团并不是放在小篮子里进行烘焙，而是在烘焙前将和好的面团放到篮子里醒发。放入之前，往篮子里撒些面粉，以防面团粘到篮子上。另外，小篮子使用后不要用水冲洗，只需通过拍打的方式清理干净即可。

搅拌器和厨房多功能料理机

搅拌器和厨房多功能料理机是现如今家庭厨具的标配。谁家厨房里拥有其中的一样，就可以用此来制作我的烘焙食谱中提到的每一种甜点。如果您愿意直接手工制作，或者也许家里确实没有搅拌器或多功能料理机，当然也可以手工制作面团，这样需要的时间比较长，和出的面团会相对粗糙一些。假如完全是手工制作，那么在和面及揉面时则需要30~60分钟的时间。要是有电动设备作为帮手，制作过程自然会比较快些。

电子秤

在烘焙食谱中，我推荐使用测量精确度为5克的电子秤，这是绝对有必要的，如果电子秤的精确度达到2克则更好。许多人家里都有这样的电子秤。若还想要更精确，也可以使用精确度达到微克的电子秤。可以说，置办这样一台电子秤是值得的。我认为，既然不管怎样都需要称重量，那就可以做到精确到克。

圆形蛋糕模具

花环形状蛋糕模具

小蛋糕模具

咕咕霍夫蛋糕模具

蛋糕模具圈

放发酵面团用的小篮子

电子秤

烘焙石板

温馨小贴士：最佳烘焙小工具

烤箱纸

我们可以买到卷筒式或已经裁剪好的烤箱纸。只要使用过的烤箱纸没有粘上很多残渣，我就会多次反复使用。与油纸不同，烤箱纸比较易于涂抹。油纸也可以作为选择之一，但是它无法承受过高的烘焙温度。

刷子

这个小帮手在烘焙作坊里确实是必不可少的，用于给糕点模具涂油或给蛋糕涂抹果酱。天然毛刷比较经济实用，当然也有价格不菲、经久耐用的树脂刷子，因为它们不会掉毛，可以在洗碗机中清洗。

蛋糕冷却网架

当从烤箱里取出烤好的点心时，必须要静置使其冷却。这时就需要一个放蛋糕的网架，最好提前就将它放好备用。

擀面杖

将和好的面团摊平，自然离不开擀面杖。我个人（习惯）使用木制擀面杖，用起来手感比较舒服，只需热水清洗即可。

过滤网漏勺

在烘焙作坊中，用于筛面粉和糖粉的不同型号的过滤网漏勺，都是不可缺少的。面粉的过筛是一个相当重要的环节。因为面粉的包装会将其挤压到一起，过筛之后，可以使面粉变得比较松散。

裱花袋和裱花嘴

在超市里就可以买到超级实惠的一次性裱花袋。我一向注重的是裱花袋要足够大，这样就可以比较轻松地浇注奶油和炼乳。在超市中可以买到单独或成套的各种形状和不同型号的裱花嘴。用于蛋糕的基础装饰，我建议使用具有光滑边缘的孔型裱花嘴和带锯齿的星型裱花嘴。

烘焙刮刀

烘焙刮刀是个全能天才，如同烘焙师的第二只手。无需再使用其他器具，就可以轻松将和好的面糊从搅拌盆倒入烘焙模具中，特别是使用软树脂材质的刮刀。对于烘焙新手，适合使用简易而又耐用的刮刀，其被称为面团刮片。比较吸引人眼球的还有边缘带锯齿的面团刮片，用它可以在蛋糕奶油上画出美丽的图案。

打蛋器

您应当拥有一大一小两只打蛋器，因为使用它们可以手动将奶油、蛋清打发成最理想的状态。在搅拌鸡蛋或加入混合面粉时，它也能充分发挥其作用。打蛋器上的钢丝有助于在搅拌的同时将空气带入面糊中，增加其体积。

抹刀

这样的抹刀是相当实用的烘焙小工具。它的造型特殊，刀身细长且顶部带有弧度，这样可以很方便地将奶油或巧克力糖浆光滑地涂抹到蛋糕上。正因为如此，对于蛋糕烘焙师而言，必须要有一把抹刀。

蛋糕冷却网架

擀面杖

油纸

烤箱纸

尖嘴裱花袋

星型 / 孔型
裱花嘴

打蛋器

面团刮片

过滤网漏勺

烘焙刮刀

锉刀

抹刀

刷子

黄油鸡蛋酥松饼

加入黄油、鸡蛋和白砂糖搅拌好的面团做出的酥松饼，咬一口，松脆酥软的口感，会给人带来一种好心情。这种面团可以说是个全能者！无需添加其他辅料，单独作为小点心和饼干，味道也非常棒。另外也适合与水果、巧克力和奶油搭配。

分步指导:
黄油鸡蛋酥松饼
基础烘焙配方

将黄油、白砂糖和蛋黄混合后长时间搅拌,并加入面粉揉捏,这样就可以做成黄油鸡蛋面团。

●●○○

制作300克黄油鸡蛋酥松饼或一个带边缘的蛋糕胚(直径28厘米)所需配料:

软黄油	100克	软黄油	100克	软黄油	100克
白砂糖 | 精盐	50克	白砂糖 | 精盐	50克	白砂糖 | 精盐	50克
蛋黄	1个(中等大小)	蛋黄	1个(中等大小)	蛋黄	1个(中等大小)

1 传统的黄油鸡蛋面团是按照1:2:3的比例,由1份白砂糖、2份黄油和3份面粉调制而成。其中还要加入蛋黄、泡打粉、微量精盐和些许有机柠檬皮。这样制作出的黄油鸡蛋面团放入冰箱冷藏,可保存两周时间,置于冷冻层则可存放大约三个月。

2 黄油鸡蛋面团制作过程:黄油切块后,将其与白砂糖、少量精盐加入搅拌盆中,用手、烹饪勺子或者手持式搅拌器混合搅拌均匀。

3 加入蛋黄继续搅拌,使其完全与黄油和白砂糖混合,用甜点师的话来说,即混合搅拌成乳状。

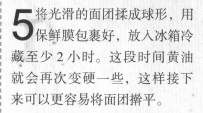

5 将光滑的面团揉成球形，用保鲜膜包裹好，放入冰箱冷藏至少2小时。这段时间黄油就会再次变硬一些，这样接下来可以更容易将面团擀平。

4 面粉与泡打粉混合到一起，用滤网将其过筛至搅拌好的黄油上。然后加入柠檬皮碎，用手将混合面粉和柠檬皮碎与黄油揉到一起。重要的是，揉面时速度要快，因为揉面时间越长，黄油就会变得越稀软，面团也就越黏稠。

6 从冰箱中拿出面团，在常温下放置10分钟，在撒有面粉的台面上将面团揉软。注意：只需揉至面团成形即可。如果揉面的时间过长，会导致其成为"死面"，也就是说，黄油融化后与面分离，从而导致在擀面时面团裂开。

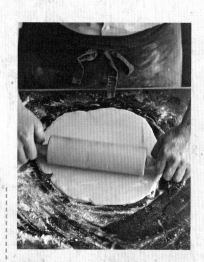

8 将擀平的黄油鸡蛋面皮平铺在烘焙模具里，最好是借助于擀面杖将其移到模具内。压紧底部和边缘，以便排出里面的气泡。然后将边缘修剪光滑、整齐，底部用叉子多扎几下，以防在烘焙过程中产生的气体使面饼变成拱形。

7 在台面和擀面杖上撒上面粉，将面团擀成约3毫米厚的面皮。为了使面皮厚度均匀，可以辅助使用压面木框，可以在专卖店或者网店购买，可压出不同厚度(3~10毫米)的面皮。

9 将烤箱纸铺在面饼上，放入干扁豆铺至模具边缘，蛋糕胚放入烤箱烘焙大约12分钟，然后提起烤箱纸取出干扁豆，使模具里的蛋糕胚冷却。

专家提示：
制作黄油鸡蛋酥松饼注意事项

我非常喜爱这种黄油鸡蛋面团烤出的酥松饼，因为它正如其名，特别酥软。一口咬下去，口感极其美妙。在制作过程中必须要注意以下几点，才能做出真正松脆、酥软可口的甜点。

1 **制作面团时，应该将黄油进行搅拌还是捏碎后加入？**

将冷却后的小块黄油与制作黄油鸡蛋酥松饼的其他配料混合到一起，这一广为流传的和面方法我并不推荐使用。我觉得这样和出的面团容易干裂，失去了它本该有的特性：松软。不管您决定选用什么方法，有一点是相同的，即无论什么情况下，快速操作都是十分必要的。也就是说，从将面粉、黄油和蛋黄混合揉成面团这一时刻起，就应该动作迅速敏捷。如果加工制作时间过长，接下来就很难擀出理想的面皮，那么最终烘焙出的点心吃起来口感就会比较硬，而不是松脆酥软的口感。

2 **制作黄油鸡蛋酥松饼使用软黄油还是硬黄油比较好？**

我更喜欢选择软黄油，将其与白砂糖和鸡蛋混合在一起，用手持式搅拌器或厨房多功能料理机进行搅拌，以使这些配料达到最佳的混合效果。然后，再快速加入面粉继续搅拌。

3 **面团为什么要冷却？需要多长时间？**

黄油鸡蛋面团至少应在冰箱中冷藏 1 小时，在一些配方中，我甚至建议放置 2 小时。在这期间，砂糖溶解于面团中，这样做出的面点在烘焙过程中着色均匀，并且不会裂开。将面团揉成圆球形后，用保鲜膜包裹好，在冰箱里冷藏可以很好地保存。另外，黄油鸡蛋面团即使在几天之后才使用，也没关系 —— 因为在冷藏状态下，它可以保存两周时间。在用面团加工制作点心之前，先将其置于室温下醒发一段时间，要想擀平冷却的面团还是不太容易。当放置在室温下的面团达到合适的软硬度时，就要迅速进行加工制作。如果面团温度过高，黄油就会融化 —— 那样就会导致面团开裂。

4 用于烘焙黄油鸡蛋酥松饼的模具必须提前涂油吗？

如今，新的金属材质的烘焙模具大多数都是镀膜的，防粘效果很不错，所以不需要再涂抹油脂。但是如果烘焙模具比较老旧，且经常使用，则需要涂油且撒上些许面粉 —— 尤其是当它有轻微的划痕和明显使用过的痕迹时。在使用新式的陶瓷或树脂蛋糕模具时，情况则不同 —— 我只需在首次使用时将其涂上油脂。

5 如果黄油鸡蛋面团开裂，该如何处置？

如果您按照基础烘焙食谱第 16/17 页中所描述的那样去做，其实不会出现这种糟糕的情况。那么什么时候会遇到这种情况呢？那就是揉面时间过长时。当出现面团开裂现象时，您可以直接用手将面团压到蛋糕模具中。还需提示一下：在擀面时，将台面和擀面杖上撒上少量面粉，以防止粘连。但注意不要撒太多，否则面团会变干。

6 如何应对黄油鸡蛋面团在擀成面饼过程中的开裂现象？

将黄油鸡蛋面团重新揉捏，然后放置在室温下醒发片刻，因为面团开裂是由于温度过低，但也有可能是面团太干了。这种情况下，揉面的同时加入 1~2 茶匙冷水，会有所帮助。

7 "预烘焙"是什么意思？为什么要这样做？

预烘焙是烘焙中预先烘焙的一种方式 —— 在制作黄油鸡蛋酥松饼配有湿润的涂层时，会采取这种方式。比如制作蛋糕的水果层或鸡蛋奶油涂层。预烘焙时，我会将面皮置于模具中，在上面铺上剪裁合适的烤箱纸，并且全部铺上干豌豆或干扁豆。铺在上面的这些荚果可以避免模具中的面皮过于膨胀或鼓起气泡，散去大部分的热量，使面皮呈浅淡色，变得酥脆一些。铺在上面的烤箱纸，使荚果不至于粘到面皮上，并且在预烘焙之后很容易借助于烤箱纸将荚果取出来。如果没有预烘焙这一过程，黄油鸡蛋酥松饼会因为上面有湿润、厚重的涂层而受热不足—— 这样会导致面皮稀软，着色不佳。因此，在制作带有湿润涂层的黄油鸡蛋酥松饼时，预烘焙是个必不可少的过程。

甜杏奶油蛋糕
Aprikosen Blechkuchen

甜杏奶油蛋糕可谓是蛋糕中的"劳斯莱斯"：它由四层组成，从底层的松脆到中间的水果清香，再到香草的芳香，最后到顶层的奶油，彰显出的是一种真正的名贵精品。

●●○○

烘焙 1 烤盘（24 块）| 每块蛋糕所含热量约 325 千卡
制作时间：45 分钟　冷却时间：2 小时　烘焙时间：45 分钟

黄油鸡蛋面团所需配料

软黄油	150 克
白砂糖	90 克
精盐	
鸡蛋	1 个（中等大小）
面粉	240 克（405 型号）
泡打粉	微量
有机柠檬皮碎	微量

调制奶油所需配料

香草荚	1 根
牛奶	650 毫升
白砂糖 100 克	黄油 100 克
香草布丁粉	80 克
酸奶油	500 克
低脂炼乳	100 克
鸡蛋 4 个	蛋黄 3 个（中等大小）
淀粉	80 克
有机柠檬皮碎	1 茶匙
精盐	适量

蛋糕浇注汁所需配料

香草布丁粉	15 克
牛奶	200 毫升
白砂糖	1 汤匙
奶油	160 克
蛋黄 2 个（中等大小）	

其他

面粉	
杏	700 克
杏肉果酱	80 克

1 使用上述配料制作出黄油鸡蛋面团（见第 16/17 页），将面团用保鲜膜包裹好，放置于冰箱内冷藏 2 小时。

2 制作奶油，将香草荚纵向一分为二剖开，刮出里面的香草籽。然后向锅中倒入 500 毫升牛奶，加入香草籽、白砂糖和黄油，煮沸。剩余的牛奶与布丁粉混合搅拌均匀后，加入到香草牛奶中，边煮边搅拌。煮沸后将锅从灶台上移开，使其冷却。再将酸奶油与炼乳、鸡蛋、蛋黄、淀粉、柠檬皮碎和微量精盐混合拌匀，最后加入煮好的香草奶油加以搅拌。

3 烤箱预热至 200℃，在制作台面上撒上适量面粉，将黄油鸡蛋面团用擀面杖擀成薄面皮，平铺到烤盘上，放入烤箱预先烘焙约 5 分钟，然后取出烤盘（烤箱保持通电状态），使其冷却。

4 制作蛋糕浇注汁。将布丁粉与 2 汤匙牛奶和白砂糖搅拌均匀，余下的牛奶放入锅中煮开，加入事先已搅拌好的布丁粉，继续边煮边搅拌。将布丁倒入碗中，奶油中加入蛋黄进行搅拌。制作好的布丁炼乳放置微温，为防止布丁结出硬皮，要不停地进行搅拌。

5 将杏洗净，对半剖开后去核，杏肉果酱加热搅拌均匀后，涂抹到预先烘焙好的黄油鸡蛋面皮上。然后将制作好的奶油抹到上面，将杏的切面朝下平铺上去，再将余下的奶油浇注到上面抹平。

6 将已制作好的浇注汁平摊到奶油上（注意奶油和糖汁不要混合到一起）。蛋糕放进烤箱（中层）烘焙大约 45 分钟，烤至金黄色后取出，放凉后切块。

温馨提示
海恩斯
·韦伯

烘焙时，如果选用的是熟透了的杏，应在去核前将其放到热水中短时浸泡后再去皮。烘焙这种类型的蛋糕，可根据自己的兴趣和心情添加其他水果，如桃子或梨。但是，若添加梨需要提前将其煮熟。如果不是水果季，您也可以选用水果罐头。

蜜梨巧克力小蛋糕
Birnen Schokoladen Törtchen

传统的"梦幻组合"：香甜的蜜梨和用古老工艺制作出的巧克力乳。蛋糕顶层浇注的香草口味的香浓糖衣，吃起来带给人一种完美的享受。

●●○○

6个小蛋糕模具（直径分别为12厘米）| 每个小蛋糕所含热量约510千卡

制作时间：1小时10分钟　冷却时间：2小时　烘焙时间：12分钟

黄油鸡蛋面团所需配料

软黄油　　100克
白砂糖　　50克
精盐
蛋黄　1个（中等大小）
面粉150克（405型号）
泡打粉1/2茶匙（3克）
有机柠檬皮碎　1/2茶匙

蜜梨巧克力乳所需配料

白砂糖2汤匙 | 梨2个（约400克）
黑巧克力100克
奶油60克 | 蜂蜜1茶匙（约8克）
软黄油　2汤匙（约20克）

蛋糕浇注汁所需配料

牛奶200毫升 | 白砂糖35克
香草荚　　1根
蛋黄　1个（中等大小）
香草布丁粉1/2袋（18克）
蛋黄酒2汤匙（约15毫升）

其他

面粉
用于预烘焙的干扁豆

1 使用上述配料制作出黄油鸡蛋面团（见第16/17页），将面团用保鲜膜包裹好，放置于冰箱内至少冷藏2小时。

2 烤箱预热至180℃，将小蛋糕模具内涂上软黄油。在撒有面粉的制作台面上，将黄油鸡蛋面团擀成厚度约为3毫米的薄片，压制出直径16厘米的圆形面皮（最好使用合适的小碗来制作）。然后将压制出的面皮放入小蛋糕模具里，如果有必要的话，将多余的超出模具的面皮剪切掉。接着，将面皮铺上烤箱纸，上面撒上干扁豆（见第17页，步骤9）。将蛋糕胚放入烤箱（中层）预烘焙大约12分钟至浅黄色。取出干扁豆和烤箱纸，使模具中的蛋糕胚逐渐冷却。

3 在锅中加入约100毫升水和适量白砂糖，将其煮沸。梨分成四块，并削皮去核。将50克梨肉切成较大的块状，剩余部分切成薄片，放置一边留待铺到蛋糕胚上。梨块放到糖水中煮2~3分钟

后捞出沥干，在搅拌碗中加入4汤匙糖水。用手持式搅拌器把梨块打成果泥。

4 将烘焙用的黑巧克力掰成碎块放入碗中。奶油、蜂蜜和制作好的梨肉果泥放入锅中煮沸后，倒入装有黑巧克力碎块的碗中，用刮刀翻拌，直至巧克力碎块融化。然后将其冷却至微温状态，加入黄油搅拌。将制作好的蜜梨巧克力乳摊到事先烤好的蛋糕胚上并涂抹均匀。把切好的梨肉薄片呈瓦片状摆放到蜜梨巧克力乳上面。将小蛋糕模具用保鲜膜覆盖住，放置到凉爽处。

5 制作蛋糕浇注汁：将120毫升牛奶加入白砂糖煮沸，然后将蛋黄与剩余的牛奶、布丁粉和香草籽混合搅拌。接着将搅拌好的混合物倒入煮开的牛奶中，边搅拌边煮。把锅从灶台移开，加入蛋黄酒继续搅拌。将制成的热炼乳浇注到事先做好的小蛋糕上，待其冷却后脱模。

在烘焙小蛋糕时，我总是将黄油鸡蛋面团制作的蛋糕底座烤成焦糖色，这样口感就会非常松脆。如果梨肉本身已经比较软了，那我就放弃用水煮梨肉这一步骤。

这种小蛋糕味道甜美，制作方法非常简单。如果您没有太多时间，无需制作用于浇注蛋糕顶层的蜜梨巧克力乳。这种具有创意的蜜梨巧克力蛋糕吃起来口味也非常棒。

佛罗伦萨苹果蛋糕
Florentiner Apfelkuchen

这款苹果—杏仁"梦幻组合"的水果蛋糕，添加奶油后，口感更加美味！

●●○○

1 个圆形蛋糕模具（直径 28 厘米，12 块）| 每块蛋糕所含热量约 415 千卡

制作时间：40 分钟　冷却时间：2 小时　烘焙时间：1 小时

黄油鸡蛋面团所需配料

软黄油　　100 克
白砂糖　　50 克
精盐
蛋黄　1 个（中等大小）
面粉 150 克（405 型号）
泡打粉 1/2 茶匙（3 克）
有机柠檬皮碎　1/2 茶匙

蛋糕苹果层所需配料

微酸苹果　　5 个
白砂糖　　3 汤匙

制作香草炼乳所需配料

牛奶　　800 毫升
白砂糖　　85 克
蛋黄　2 个（中等大小）
香草布丁粉　65 克

蛋糕浇注汁所需配料

黄油　　75 克
粗蔗糖　　90 克
蜂蜜　　90 克
杏仁片　　100 克

其他

面粉
杏肉果酱　　2 汤匙
饼干碎屑　　约 50 克
（可用面包屑代替）

1 使用上述配料制作出黄油鸡蛋面团（见第 16/17 页），用保鲜膜将面团包裹好，放置于冰箱内至少冷藏 2 小时。

2 制作蛋糕的苹果夹层：将苹果平均分成 4 块，削皮并去掉果核。然后，将 1/4 块苹果纵向切成约 1 厘米厚的苹果片。在锅中加入 500 毫升水和 3 汤匙白砂糖，煮沸后加入切好的苹果片继续煮大约 5 分钟，倒入滤网将水沥干。

3 烤箱预热至 190℃。在撒有面粉的制作台面上，将黄油鸡蛋面团擀成直径约为 38 厘米的圆形面皮，然后将其铺到蛋糕模具中，并塑形出 5 厘米高的边缘。在铺好的黄油鸡蛋面皮上涂抹杏肉果酱后，再撒上饼干碎屑。接着将苹果片呈圆形轻轻叠放在上面。

4 制作香草炼乳：将 650 毫升牛奶与白砂糖一起煮开。把蛋黄与剩余牛奶以及布丁粉混合搅拌均匀后，倒入煮好的牛奶中，边煮边搅拌，煮开后

这样重复几次。再将香草炼乳迅速浇注到已铺好的苹果片上。把蛋糕放入烤箱（中层）烘焙约 30 分钟。

5 在烘焙时间结束前几分钟，制作蛋糕浇注汁。将黄油、白砂糖和蜂蜜放入锅中，用文火煮大约 4 分钟，然后加入杏仁片搅拌。从烤箱中取出蛋糕，把制作好的糖汁浇注到蛋糕上面，放入烤箱继续烘焙 30 分钟至金黄色。最后，将出炉的佛罗伦萨苹果蛋糕在模具中静置冷却。

温馨提示
海恩斯
韦伯

在制作过程中，您也可以放弃用沸水煮苹果这一步骤 —— 我觉得，用新鲜苹果做配料，烤出的蛋糕口味更具有水果的清香。但是，用未煮熟的苹果做出的蛋糕看上去不太美观，原因是在烘焙过程中，蛋糕会因苹果片烤熟后脱水而出现塌陷。

苹果夹心蛋糕
Gedeckter Apfelkuchen

制作此款蛋糕，在添加面皮盖子时有些小窍门。依照这道烘焙食谱，您可以将它完好无损地盖到蛋糕的苹果夹层上面。

●●○○

1 个圆形蛋糕模具（直径 26 厘米，12 块）| 每块蛋糕所含热量约 310 千卡

制作时间：1 小时　冷却时间：2 小时　烘焙时间：1 小时

黄油鸡蛋面团所需配料

软黄油　　　150 克
白砂糖　　　75 克
精盐
蛋黄　1 个（中等大小）
面粉　225 克（405 型号）
泡打粉　1/2 茶匙（4 克）
有机柠檬皮碎　1/2 茶匙

制作夹心馅料所需配料

干白葡萄酒　300 毫升
（可用苹果汁或橙汁代替）
白砂糖 100 克 | 黄油 100 克
白砂糖　　　215 克
桂皮　　　1 块
柠檬汁　　　少量
酸苹果 1 公斤
苹果汁　　　200 毫升
蛋黄　1 个（中等大小）

香草布丁粉 1 袋（37 克）
杏仁碎　　20 克

其他

面粉
杏肉果酱　约 150 克
饼干碎屑　约 50 克
（可用面包屑代替）
糖粉　　　4 汤匙
柠檬汁　　1 汤匙

1 使用上述配料制作出黄油鸡蛋面团（见第 16/17 页），将面团用保鲜膜包裹好，放置于冰箱内冷藏 2 小时。

2 烤箱预热至 180℃。将三分之一的黄油鸡蛋面团，在撒有面粉的制作台面上擀成厚度为 3 毫米、直径为 26 厘米的圆形面皮，将其平铺到蛋糕模具中，放入烤箱（中层）预先烘焙大约 5 分钟后取出，让蛋糕胚在模具中冷却。

3 制作夹心馅料：将干白葡萄酒与 500 毫升水、200 克白砂糖、桂皮和柠檬汁放入锅中煮沸。将苹果分成 4 块，削皮并去除果核。再将 1/4 块苹果纵向分成两半后，放入事先煮沸的干白葡萄酒汁中，文火煮 5~10 分钟至苹果变软。然后用漏勺捞出并沥干水分。

4 将苹果汁与剩余的白砂糖放入锅中煮沸。把蛋黄与 70 毫升水以及布丁粉混合搅拌均匀，边搅拌边倒入煮沸的苹果汁中，一边煮一边搅拌，这样进行数次后，将锅从灶台移开，把苹果连同杏仁碎一起加入煮好的布丁糊中。制作好的苹果与布丁混合物放置冷却。烤箱预热至 190℃。

5 将另外三分之一的黄油鸡蛋面团擀成宽度为 3~4 厘米、长度约为 40 厘米的条形，以便铺到蛋糕模具的边缘。把两端接合处捏到一起，再将贴在蛋糕模具底部的条形面皮压紧。

6 在蛋糕模具底部的面皮上涂抹 2 汤匙杏肉果酱，然后撒上饼干碎屑或面包屑，接着在上面均匀摊上苹果布丁混合物。将剩余部分的黄油鸡蛋面团，在撒有面粉的制作台面上擀成直径为 26 厘米的圆形，将其放到铺好的馅料上面。如果可能的话，把盖在顶层的面皮轻轻向下压到模具边缘。最后用餐刀和叉子将上面的面皮盖子扎几下，以便在烘焙过程中排出里面的气体。

7 蛋糕放进烤箱（中层）烘焙大约 1 小时，烤至金褐色后从烤箱中取出，放置一边稍微凉一下。在余下的杏肉果酱里加入 2 汤匙水，将其煮沸，涂抹到滤网上过筛后，再涂抹到温热的蛋糕上，待其略微变干。把糖粉与柠檬汁搅拌均匀后，涂抹到蛋糕上，使其在模具中冷却。

温馨提示
海恩斯
韦伯

在制作过程中，将苹果事先煮好，确实是很关键的一个步骤。未煮的新鲜苹果在烘焙过程中会使蛋糕出现塌陷现象，这极有可能导致蛋糕顶部下陷。

在上下两层酥软的黄油鸡蛋面层之间，夹在中间的苹果块得到了很好的保护，可长久保持柔软多汁。因此，这款蛋糕您也可以在食用的前一天烘焙。

苹果乳酪蛋糕
Apfelrahm kuchen

这款蛋糕吃起来超级美味可口，真的会给人留下深刻的印象，制作起来也非常简单轻松。对于烘焙初学者来说，制作苹果乳酪蛋糕，保证可以成功。

●●○○

1 个圆形蛋糕模具（直径 28 厘米，12 块）| 每块蛋糕所含热量约 385 千卡

制作时间：40 分钟　冷却时间：2 小时　烘焙时间：1 小时

黄油鸡蛋面团所需配料

软黄油　　100 克
白砂糖 | 精盐　50 克
蛋黄　1 个（中等大小）
面粉 150 克（405 型号）
泡打粉 1/2 茶匙（3 克）
有机柠檬皮碎　1/2 茶匙

蛋糕苹果层所需配料

白葡萄酒　300 毫升
（可用苹果汁代替）
白砂糖　　200 克

桂皮　　　1 块
柠檬汁　　少许
苹果　　　1 公斤

蛋糕浇注汁所需配料

酸奶油　　　350 克
鸡蛋 3 个（中等大小）
白砂糖　　　100 克
香草布丁粉　50 克
牛奶　　　200 毫升
奶油　　　200 克

其他

面粉
杏肉果酱　2 汤匙
饼干碎屑　约 50 克
（可用面包屑代替）
白砂糖　约 2 汤匙
肉桂粉　微量
液体黄油　约 2 汤匙

1 使用上述配料制作出黄油鸡蛋面团（见第 16/17 页），将面团用保鲜膜包裹好，放置于冰箱内冷藏至少 2 小时。

2 制作蛋糕苹果层：将白葡萄酒与 500 毫升水、白砂糖、桂皮和柠檬汁一起放入锅中煮沸。苹果平均分成 4 块，削皮并去除果核。然后，再将 1/4 块苹果纵向一分为二。将切好的苹果块放入白葡萄酒中煮 5~10 分钟，文火煮至熟软后，倒入滤网沥干。

3 烤箱预热至 190℃。在撒有面粉的制作台面上，将黄油鸡蛋面团擀成直径约为 38 厘米的圆形面皮，将其铺到蛋糕模具中，并塑形出 5 厘米高的边缘。在模具底部铺好的黄油鸡蛋面皮上，薄薄地涂抹一层杏肉果酱，再撒上饼干碎屑，将苹果块摆放在上面。

4 制作蛋糕浇注汁：将酸奶油和鸡蛋一起搅拌，白砂糖与布丁粉混合，倒入已搅拌好的鸡蛋奶油中继续搅拌。将牛奶与奶油一起搅拌。把做好的蛋糕浇注料摊到苹果上面，用手指轻微拌匀，以使其均匀分布在蛋糕的苹果层。将蛋糕放进烤箱（中层）烘焙约 30 分钟。

5 白砂糖与肉桂粉混合，在蛋糕上涂抹液体黄油，再把混合后的肉桂粉砂糖撒到蛋糕上。接着，将蛋糕放入烤箱继续烤 30 分钟至金褐色。最后，将出炉的苹果乳酪蛋糕冷却后切块即可。

温馨提示
海恩斯·韦伯

烘焙时，蛋糕烤至金褐色，这样才会有黄油及焦糖散发出来的香味。期间，我会试一下蛋糕是否烤熟，用餐刀将蛋糕边缘向一边稍微压弯——应该是浅黄色的。如果蛋糕里面的颜色还有些发白，我会在烘焙时间的最后 10 分钟，将蛋糕模具放到烤箱下层继续烘焙。

大黄蛋白酥皮饼
Rhabarber Baiser kuchen

春季是大黄的上市季节。这种新鲜细嫩的酸味蔬菜与酥软的黄油鸡蛋饼胚以及甜甜口味的蛋白酥皮搭配，简直就是一种精巧而微妙的组合。

●●○○

1 个圆形蛋糕模具（直径 28 厘米，12 块）| 每块蛋糕所含热量约 255 千卡

制作时间：1 小时　冷却时间：2 小时　烘焙时间：1 小时

黄油鸡蛋面团所需配料	制作大黄夹层所需配料	制作蛋白酥皮所需配料
软黄油　100 克	大黄　　　850 克	蛋清　4 个（中等大小）
白砂糖　50 克	雷司令葡萄酒　250 毫升	白砂糖　　180 克
精盐	（或其他白葡萄酒）	
蛋黄　1 个（中等大小）	白砂糖　　50 克	**其他**
面粉 150 克（405 型号）	蛋黄　2 个（中等大小）	面粉
泡打粉 1/2 茶匙（3 克）	香草布丁粉　20 克	杏仁片　　40 克
有机柠檬皮碎 1/2 茶匙		

1 使用上述配料制作出黄油鸡蛋面团（见第 16/17 页），将面团用保鲜膜包裹好，放置于冰箱内冷藏至少 2 小时。

2 制作蛋糕的大黄夹层：将大黄清洗干净，削皮后切成 1 厘米大小的块状，放入开水中煮 1~5 分钟后，倒入滤网沥干水分。烤箱预热至 190℃。

3 将 200 毫升葡萄酒与白砂糖一起放入一口较大的锅中煮沸。把蛋黄与剩下的葡萄酒以及香草布丁粉混合搅拌均匀，倒入葡萄酒与白砂糖的混合液中，边搅拌边煮开，这样重复几次。把锅从灶台移开，加入大黄块搅拌均匀。

4 在撒有面粉的制作台面上，将黄油鸡蛋面团擀成直径约为 30 厘米的圆形面皮，然后将其铺到蛋糕模具内，并压紧边缘。把制作好的大黄布丁平摊到蛋糕模具中，将蛋糕放进烤箱（中层）烘焙大约 1 小时，待边缘变成金褐色后取出，放置冷却。蛋糕脱模后，再将 1~2 汤匙的杏仁片压到蛋糕的边缘上。

5 制作蛋白酥皮：把蛋清和白砂糖在金属碗中进行搅拌，然后放到装有热水的锅中加热至 40℃ ~ 45℃。接着用手持式搅拌器打发蛋清白砂糖混合物，直至白砂糖溶解。

6 将打发好的蛋白装入星型漏嘴的裱花袋中，根据个人喜好在蛋糕上做出螺旋形或网状图案，然后在上面撒上剩余部分的杏仁片。将蛋白酥皮用本生灯焙烧至金褐色，或者在预热好的烤箱烧烤功能下烤 1~2 分钟，直至顶端变成金褐色。

温馨提示
海恩斯·韦伯

您也可以将大黄事先用文火煮熟，将其平摊到烤盘上，在预热至 190℃ 的烤箱中烘焙约 8 分钟。葡萄酒也可以用苹果汁来代替。

经典精致糕饼

KLASSIKER FEINES GEBÄCK

黄油鸡蛋饼胚并非都是由硬面团擀制而成，也有稀软的黄油鸡蛋面糊，可以装入裱花袋，制作出创意无限、松脆酥软的曲奇饼干。

佛罗伦萨圆形曲奇

烘焙约 30~40 块 | 每块（40 块曲奇）所含热量约 135 千卡

制作时间：20 分钟　烘焙时间：15 分钟

制作黄油鸡蛋面糊所需配料		制作佛罗伦萨曲奇浇注料	
软黄油	150 克	黄油	100 克
白砂糖	200 克	粗蔗糖	125 克
蛋清	3 个（中等大小）	蜂蜜	125 克
面粉	200 克（405 型号）	杏仁片	130 克
淀粉	100 克		

1 制作黄油鸡蛋面糊：用手持式搅拌器或厨房多功能料理机将黄油、白砂糖混合搅拌成轻乳状，然后边加入蛋清边搅拌。将面粉与淀粉混合后过筛，倒入已搅拌好的乳状黄油中，再用刮刀迅速搅拌均匀。

2 将搅拌好的黄油鸡蛋面糊倒入漏嘴直径为 8 毫米的裱花袋中，在铺有烤箱纸的烤盘上，挤出直径约为 3 厘米的小面圈。烤箱预热至 200℃。

3 制作佛罗伦萨曲奇浇注料：将黄油、白砂糖与蜂蜜一起加入锅中，文火煮 5 分钟。倒入杏仁片混合搅拌后，将锅从灶台移开。用勺子舀出制作好的佛罗伦萨曲奇浇注料，逐份放入做好的小面圈中。

4 将小面圈放进烤箱（中层）烘焙 12~15 分钟，烤成金褐色后取出。从烤盘中抽出烤箱纸，待佛罗伦萨曲奇冷却后装入铁盒，至少可以保存 2 周时间。

"火焰之心" 曲奇

烘焙约 8 块 | 每块曲奇所含热量约 520 千卡

制作时间 35 分钟　烘焙时间 15 分钟

制作黄油鸡蛋面糊所需配料		鸡蛋 1 个（中等大小，常温）		其他	
软黄油	200 克	温牛奶	2 汤匙	树莓果酱	150 克
白砂糖	100 克	面粉	330 克（型号 405）	黑巧克力块	150 克
精盐	100 克				
有机柠檬皮碎	1 茶匙				

1 制作黄油鸡蛋面糊：将 70 克黄油融化，用手持式搅拌器把余下的黄油与白砂糖以及少许精盐搅拌成乳状。将柠檬皮碎与鸡蛋、牛奶混合拌匀。烤箱预热至 190℃。

2 面粉与泡打粉混合到一起，用滤网过滤到黄油鸡蛋面糊上，再迅速用刮刀搅拌均匀。将面糊倒入星型大漏嘴的裱花袋中，在铺有烤箱纸的烤盘上挤出约 10 厘米高的回旋形三角（火焰）。从三角底部开始（约 6 厘米宽），向上回旋使之越来越窄。将"火焰之心"曲奇放入烤箱（中层）烘焙约 15 分钟至金黄色。

3 借助于烤箱纸，将"火焰之心"曲奇从烤盘中取出，静置使其稍微冷却。果酱搅拌均匀后，将二分之一量的曲奇饼干的下端涂抹上果酱，再将下端未涂抹果酱的曲奇饼干分别置于其上。

4 将巧克力捣成碎块后放入金属碗中，置于热水锅中进行恒温处理使其融化（见第 8 页）。把火焰之心曲奇竖起，一半浸入巧克力乳中，然后置于网架上晾干。放入盒子中储存，可存放 1~2 周时间。

温馨提示
海恩斯
韦伯

迷你型的"火焰之心"曲奇是非常特别的一道茶点。您可以根据自己的喜好，用较小的星型裱花漏嘴来制作。将迷你型曲奇烘焙 10~12 分钟，呈金黄色即可。

葡萄干乳酪蛋糕
Käsekuchen mit Rosinen

●●○○

如果炼乳中的油脂含量较高，那么烘焙出的乳酪蛋糕吃起来口感就不会太好。因此，在制作过程中，建议您尽量使用低脂炼乳。

1个圆形蛋糕模具（直径28厘米，12块）| 每块蛋糕所含热量约410千卡

制作时间：45分钟　冷却时间：2小时　烘焙时间：55分钟

黄油鸡蛋面团所需配料	制作乳酪混合物所需配料	其他
软黄油　　60克	黄油　　　100克	面粉
白砂糖　　30克	鸡蛋　　5个（中等大小）	杏肉果酱　1~2汤匙
精盐	白砂糖　　200克	葡萄干　　80克
蛋黄　1个（中等大小）	精盐　　200克	
面粉120克（405型号）	低脂炼乳　　1公斤	
泡打粉1/2茶匙（3克）	淀粉　　　80克	
有机柠檬皮碎1/4茶匙	香草布丁粉　80克	
	有机柠檬皮碎　1/2茶匙	
	牛奶　　　600毫升	

1 使用上述配料制作出黄油鸡蛋面团（见第16/17页），将面团用保鲜膜包裹好，放置于冰箱内冷藏至少2小时。

2 烤箱预热至190℃。在撒有面粉的制作台面上，将黄油鸡蛋面团擀平，借助于蛋糕模具圈的边缘将面皮切成直径为28厘米的圆形。然后将其铺到蛋糕模具内（留出模具边缘部分），用叉子在面皮上多扎几个孔，放入烤箱（中层）预先烘焙约8分钟。从烤箱中取出蛋糕胚（使烤箱保持通电状态），涂抹上果酱后，撒上葡萄干。

3 制作乳酪混合物：把黄油放到小锅中使其融化，随后冷却至微温状态。将蛋黄与蛋清分离，用手持式搅拌器或厨房多功能料理机把蛋清、100克白砂糖和微量精盐打发成稀软的蛋白（非固体状态）。将黄油、低脂炼乳、余下的白砂糖、淀粉、布丁粉和柠檬皮碎混合到一起，用手持式搅拌器或厨房多功能料理机搅拌均匀。将蛋黄和牛奶一起加入调制好的炼乳中进行搅拌，再用刮刀以翻拌方式将蛋白拌入其中。

4 把调制好的炼乳涂抹到事先准备好的蛋糕胚上，放入烤箱（中层）烘焙45~55分钟，烤至金褐色。烘焙大约30分钟后，当蛋糕表面开始出现裂纹时，从烤箱中取出蛋糕，用刀在炼乳和边缘之间切进去约1厘米深后取出，放置5分钟后，再次把蛋糕放入烤箱继续烘焙。如果烘焙15分钟后，蛋糕再次膨胀起来，就应当从烤箱中取出蛋糕，静置几分钟（此时不需再次切口）。

5 从烤箱中取出乳酪蛋糕，静置约10分钟。然后脱模，将蛋糕倒扣在冷却网架上，使其凉透。

温馨提示
海恩斯
韦伯

将出炉的蛋糕倒扣在网架上，一方面可以使蛋糕表面变平整；另一方面，在蛋糕冷却网架上放置后，蛋糕上会形成起到装饰作用的菱形或条纹图案。此外，乳酪蛋糕在烤好之后，又缩小到原来的尺寸，这也是很正常的。

完美的乳酪蛋糕呈现出的视觉效果是这样的：表层是金黄且柔和的浅棕色，里面是洁白的炼乳。

法式烤布蕾
Tartelettes brûlées

外带法式烤布蕾——这曾是我的美好愿望，所以我用黄油鸡蛋面团制作松脆酥软的"小面碗"来烘焙这种法式烤布蕾。

●●○○

6 个小蛋糕模具（直径 12 厘米）| 每个小蛋糕所含热量约 650 千卡

制作时间：40 分钟　冷却时间：2 小时　烘焙时间：12 分钟

黄油鸡蛋面团所需配料	制作香草奶油所需配料	其他
软黄油　100 克	奶油　450 克	用于涂抹蛋糕模具的黄油
白砂糖　50 克	牛奶　7 汤匙	制作用的面粉
精盐	香草荚　1 根	用于预烘焙的干扁豆
蛋黄 1 个（中等大小）	蛋黄　9 个（中等大小）	
面粉 150 克（405 型号）	白砂糖　120 克	
泡打粉 1/2 茶匙（3 克）		
有机柠檬皮碎 1/2 茶匙		

1 使用上述配料制作出黄油鸡蛋面团（见第 16/17 页），将面团用保鲜膜包裹好，放置于冰箱内冷藏至少 2 小时。

2 烤箱预热至 180℃，将小蛋糕模具内涂上黄油。在撒有面粉的制作台面上，将黄油鸡蛋面团擀成厚度约 3 毫米的薄面皮，压制出 6 张直径为 16 厘米的圆形面皮（最好使用合适的小碗来制作）。然后将压制出的面皮放入小蛋糕模具内，如果有可能的话，将多余的超出模具的面皮剪切掉。接着，将面皮铺上烤箱纸，上面撒上干扁豆（见第 17 页，步骤 9）。将蛋糕胚放入烤箱（中层）预烘焙大约 12 分钟至浅褐色。取出烤箱纸和干扁豆，模具中的蛋糕胚放至冷却。将烤箱温度调低至 120℃。

3 制作香草奶油：将奶油与牛奶同煮，香草荚纵向一分为二，刮出里面的香草籽。将蛋黄与 30 克白砂糖及香草籽混合搅拌，将煮奶油的锅从灶台移开，边搅拌边加入蛋糖混合物。再将制作好的糊状物用滤网过筛到事先烘焙好的蛋糕胚上，涂抹均匀。然后将做好的布蕾放入烤箱（中层）

烘焙 45 分钟，使其凝固成形。

4 布蕾凉透以后，从模具中小心翼翼地取出，食用前将余下的白砂糖摊到布蕾表面薄薄一层，用烤蛋糕的本生灯使其焦糖化，变成金黄色。或者使用烤箱的烧烤功能，烤 1~2 分钟直到布蕾呈金褐色。

温馨提示
海恩斯·韦伯

如果布蕾放置较长时间，会出现焦糖变软的情况，这没问题——用本生灯在上面再烤一下。但是，烤的时间要非常短暂，以防止焦糖变黑变苦。

榛子角糕
Nussecken

作为可长期干燥保存的点心，榛子角糕可谓是松软芳香的甜点，是休闲时给我们带来能量的完美零食。

●●○○

40块 角糕 | 每块所含热量约 210 千卡

制作时间：45 分钟　冷却时间：2 小时　烘焙时间：40 分钟

黄油鸡蛋面团所需配料

软黄油　　　150 克
白砂糖　　　75 克
精盐
蛋黄　1 个
面粉　225 克（405 型号）
泡打粉　1/2 茶匙（4 克）
有机柠檬皮碎　1/2 茶匙

制作榛子糊所需配料

白砂糖　　　200 克
蜂蜜　　　　50 克
奶油　　　　140 克
黄油　　　　90 克
研磨的榛子粉 500 克

其他

面粉
黑巧克力块　　　150 克
植物油（如：椰子油）15 克

1 使用上述配料制作出黄油鸡蛋面团（见第 16/17 页），将面团用保鲜膜包裹好，放置于冰箱内冷藏至少 2 小时。

2 在撒有面粉的制作台面上，将黄油鸡蛋面团擀平后，放到铺有烤箱纸的烤盘中。用叉子在面皮上多扎几下，以便于在烘焙过程中排出气体。

3 制作榛子糊：将白砂糖、蜂蜜、奶油和黄油混合一起加热，直至糖糊从勺子流下时呈丝线状（此时温度为 112℃）。将糖糊从灶台移开，加入榛子粉后进行搅拌，趁热涂抹到黄油鸡蛋面皮上，然后将其放入烤箱（中层）烘焙约 20 分钟至金褐色。

4 将烤盘里的榛子角糕放至冷却。然后，先切成约 6 厘米宽的条型，再间隔 6 厘米呈对角线继续切出条形，这样就形成了菱形榛子糕。

5 黑巧克力块砸碎后，与植物油一起放在装有热水的锅中使其融化。将菱形榛子糕的一角或两个角浸入融化的巧克力乳中，放到网架上晾干。将榛子角糕存放在盒子里，至少可保存 2 周时间。

温馨提示
海恩斯·韦伯

光泽度的保证：在巧克力中加入少量植物油，可以使榛子角糕上的巧克力乳晾干后，具有很好的光泽度——即使巧克力在融化时变得有些热，也可同样保持。

无论是菱形的还是长方形的，无论是蘸黑巧克力、纯牛奶巧克力还是完全不蘸巧克力，都可以让您尽情享受美味。

林茨蛋糕
Linzer Torte

先搅拌，然后揉捏 —— 这一结果便是享受超级芳香的榛子口味蛋糕。称其为经典糕点并非是没有缘由的，可谓名副其实。

●●○○

1 个圆形蛋糕模具（直径 28 厘米，12 块）| 每块蛋糕所含热量约 350 千卡

制作时间：45 分钟　烘焙时间：40 分钟

黄油鸡蛋面团所需配料

软黄油	200 克
白砂糖	120 克
香草荚	1/2 根
鸡蛋 1 个（中等大小）	
精盐	微量
肉桂粉	微量
研磨的丁香粉	微量

有机柠檬皮碎	少许
研磨的榛子粉	100 克
面包屑	30 克
鹿角盐	1/2 茶匙
牛奶	1 汤匙（10 克）
面粉	320 克（405 型号）
泡打粉	1/2 茶匙（2 克）

其他

面粉

树莓或醋栗果酱 约 120 克

涂抹用牛奶

糖粉（用于撒在蛋糕表面）

1 制作黄油鸡蛋面团：将黄油和白砂糖搅拌成乳状，香草荚纵向一分为二，刮出里面的香草籽。将鸡蛋与香草籽、精盐、肉桂粉、丁香粉以及柠檬皮碎混合到一起进行搅拌，榛子粉和面包屑拌入其中。将鹿角盐放入牛奶中溶解，然后加入到黄油鸡蛋混合物中搅拌。把面粉连同泡打粉一起过筛到制作台面上，将黄油鸡蛋混合物放到上面，所有配料迅速揉成光滑的面团。

2 烤箱预热至 190℃。将三分之二的面团放在撒有面粉的制作台面上，擀成直径为 30 厘米的圆形面皮，铺到蛋糕模具中并塑形出 1 厘米高的边缘。果酱搅拌均匀后，在面皮上摊平。

3 将剩余部分的面团在撒有面粉的制作台面上，擀成直径为 28 厘米的圆形面皮，并将其切成 1.5 厘米宽的条形，把这些条形面皮间隔 1.5 厘米呈对角线叠放到蛋糕馅料上。如果您有切面轮，可以切成边缘带有装饰波浪纹的条形。

4 将切好的条形面皮小心翼翼地涂抹上牛奶。将做好的林茨蛋糕放入烤箱（中层）烘焙 30~40 分钟，直到果酱烤熟，蛋糕烤出轻微的光泽。取出林茨蛋糕，静置使其冷却。食用前在蛋糕表面撒上糖粉即可。

温馨提示
海恩斯·
韦伯

烘焙好的林茨蛋糕用锡纸包装，可以保存数日。制作后一到两天内食用，吃起来味道最香。

瑞士核桃蛋糕
Engadiner Nusstorte

使用非常新鲜的核桃烘焙出的瑞士核桃蛋糕，味道最佳。因此，在选用带有包装的核桃时，一定要注意其保质期的长短。

●●○○

1 个圆形蛋糕模具（直径 24 厘米，12 块）| 每块蛋糕所含热量约 540 千卡

制作时间：45 分钟　冷却时间：2 小时　烘焙时间：50 分钟

黄油鸡蛋面团所需配料		制作馅料所需配料		装饰蛋糕所需配料	
软黄油	150 克	核桃仁	250 克	黑巧克力块	40 克
白砂糖	75 克	奶油	150 克	核桃仁	12 颗
精盐		牛奶	80 毫升		
蛋黄	1 个（中等大小）	黄油	60 克	**其他**	
面粉	225 克（405 型号）	白砂糖	300 克	面粉	
泡打粉	1/2 茶匙（4 克）			涂抹用牛奶	
有机柠檬皮碎	1/2 茶匙				

1 使用上述配料制作出黄油鸡蛋面团（见第 16/17 页），将面团用保鲜膜包裹好，放置于冰箱内冷藏至少 2 小时。

2 烤箱预热至 200℃。将黄油鸡蛋面团从保鲜膜中取出，短时间静置醒发后，揉成柔软而有弹性的面团。然后将三分之一的面团在撒有面粉的制作台面上，擀成 3 毫米厚的圆形面皮。借助于蛋糕模具边缘，将其切成直径为 24 厘米的圆形。将面皮铺到模具中，放入烤箱（中层）预烘焙 5~8 分钟呈浅黄色，取出后放置冷却。烤箱温度调低到 180℃。

3 制作蛋糕馅料：将核桃仁砸碎，把奶油、牛奶和 40 克黄油放入锅中加热，但不要煮沸，然后从灶台移开。再将剩余黄油放到锅里以中温融化，三分之一的白砂糖均匀撒到锅里，待白砂糖融化，即刻将另外三分之一白砂糖撒到表面，同样使其融化。

4 接着将剩余部分白砂糖摊平到混合物表面，使所有这些都变成金黄色的焦糖。再将加热的奶油

牛奶混合液浇到焦糖上（注意此时会产生蒸汽并发出咝咝声），然后用木勺搅拌。加入核桃仁搅拌好以后，放置冷却。

5 将剩余部分面团的二分之一制作成约 1 厘米厚的长卷，沿着边缘放到蛋糕模具中，用手指先将底部压平，然后再塑出 2~3 厘米高的面皮并压至模具边缘。将核桃仁馅料倒入蛋糕模具中，把表面抹平。余下的面团在撒有面粉的制作台面上，擀成 3 厘米厚的面皮，并切成比模具直径大 1~2 厘米的圆形。将圆形面皮放到核桃仁馅料的中心位置，边缘部分向下与蛋糕胚边缘压到一起。

6 将牛奶涂抹到圆形面皮上，并用叉子多扎几下。蛋糕放入烤箱（中层）烘焙 30~40 分钟呈金黄色时取出，放置冷却。

7 制作蛋糕装饰：将巧克力块砸碎，放入盛有热水的锅中使其融化。将一半核桃仁蘸上巧克力乳，每块蛋糕表面放半颗核桃仁。这样制作出的核桃仁蛋糕，用锡纸包装可保持香味浓郁，至少可存放 7 天。

发酵面团

制作发酵面团，总是少不了"醒发"这一步骤。它首先需要大量的醒发时间，这样面团才能够很好地发起来，做出各种形状的糕点。

分步指导：
发酵面团基础**烘焙配方**

发酵面团的制作过程与其他所有面团相比，是最令人兴奋的。短时间内它会膨胀到自身体积的两倍，而只需添加少量酵母即可。

●●○○

制作大约 900 克发酵面团，即 10 小份或 2 烤盘

所需配料

面粉　500 克（550 型号）	鸡蛋　1 个（中等大小）	
鲜酵母　　18 克	软黄油　　75 克	
凉牛奶　约 200 毫升	精盐　2 茶匙（10 克）	
白砂糖　　50 克	香草籽　（1/4 根香草荚）	
蜂蜜　1 汤匙（10 克）	柠檬皮碎　1/4 个 有机柠檬	

其他

面粉

1 将上述配料加入盆中。添加牛奶、鸡蛋和酵母时，可以是冰箱冷藏时的温度，因为稍后通过多次揉面，面团的温度会有所提高。不过，黄油应当呈稀软状态，以便于能够与其他配料混合到一起。

3 同样加入其余配料，酵母最好不要直接与白砂糖及精盐接触。

2 将面粉过筛到面盆中，鲜酵母块用手捻碎或者整块加进去（酵母块非常软，在揉面过程中也会自动溶解）。

4 使用手持式搅拌器或厨房多功能料理机的和面功能，将配料搅拌10分钟。此时和面的速度不需太快，因为所有配料必须先很好地混合到一起。

5 使用和面功能的较高档将面团搅拌约5分钟，使其变得光滑。如果有必要的话，还可以再加些牛奶或面粉，以使面团更柔软或更干燥一些。

6 搅拌一段时间后，面团会从盆边脱落，缠绕在和面器上，这时用不了多久，就可以和出光滑柔软的面团。

7 将和好的面团放入大碗中，用保鲜膜覆盖，这样面团表面就不会变干。这一保护措施在后面所有面团醒发阶段都是很重要的。无论如何，请不要用擦碗布覆盖，因为那样会吸走面团的水分。

9 在撒有面粉的制作台面上，将面团用力揉至最佳状态，就可以随意制作自己喜欢的糕点了。

8 将面团置于温暖处放置至少1小时或放入冰箱冷藏过夜。在此期间，酵母菌的繁殖使面团膨胀增大两倍——这时您就会发现，用大碗来发面是个正确的选择。

专家提示：
制作发酵面团注意事项

制作发酵面团的时间长短至关重要。现在我们来了解一下面团发酵的重要几点。比如说，我会让面团的醒发时间更长一些。人们越是以放松的心态去对待一件事，就会越轻松自如。

为什么要在室温下制作发酵面团？

发酵面团的温度决定酵母菌的活性。为了使面团能够发酵得更好，理想的温度是 25℃。可以通过以下方法来检验温度：当用手触摸面团时，必须感觉面团稍微有些凉，但不是冰冷，也不是微温。因为在揉捏面团时会产生热量，我会直接从冰箱里取出酵母和牛奶，加入搅拌盆中。为了烘焙出极好的发面点心，完美的温度是关键。

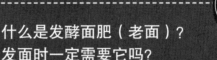

什么是发酵面肥（老面）？
发面时一定需要它吗？

这要视具体情况而定！我会在制作甜度较大的面点（如：第 52 页杏仁咕咕霍夫蛋糕、第 66 页意大利潘妮托妮面包）以及柔软面包（如：第 180 页白面包、第 214 页经典施瓦本特色面包）时使用发酵面肥（老面）。这并非矛盾，因为在这些情况下，为使面团变得松软或最大程度地发酵成多孔状态，酵母总是需要很长的发酵时间。发酵面肥（老面）与用液体和少许面粉搅拌而成的少量酵母没有什么不同。对于普通的发酵面团，正如基础烘焙食谱中所介绍的（见第 48 页），制作时不需要发酵面肥（老面）来发酵，我直接将酵母与其他配料混合在一起。

使用鲜酵母还是干酵母比较好？

鲜酵母具有活性！使用鲜酵母是比较好的选择，因为其中的酵母菌活性更强，能使面团发酵均匀。如果在合适的温度下使用酵母，酵母菌就会裂变并繁殖，在此过程中产生小气泡，使面团体积增大。结果便是 —— 面团发酵膨胀起来！我们在超市冷藏柜里可以买到包装为 42 克的块状鲜酵母。是否新鲜，可以通过它由灰白色向焦褐色渐变的颜色和新鲜的芳香气味来识别。万不得已时，也可以使用干酵母。

4 什么样的错误操作导致了面团未发酵或是发酵得不太理想？

出现这种情况，有可能是酵母由于面团的温度过高而终止发酵。因为酵母菌根本无法承受超过50℃的高温，会逐渐死掉，从而失去效力。另外一个原因有可能是面团太硬或太干，那就是说面团与酵母的用量比例过低。或者是面团的醒发时间不够长，它需要较长时间地醒发，以使酵母菌发挥其活性，从而完成它的工作。

5 揉面时，如何通过触摸的方式来检验面团？

我对此的提示是在学徒时期学到的：当您在揪面或捏面的时候，就应当可以感觉出面团的黏稠度和坚固性。此外，专业的烘焙师甚至要一再检验面团的坚固性，因为温度和空气湿度每天都会发生变化，面粉也是这样的。这也是为什么即使人们按照食谱来做，也无法制作出完全相同的面团的原因所在。但是有一点我可以向您保证：如果您在揉面时能做到很充分，并让它在冰箱冷藏室里长时间醒发，那么做出的发酵面团就会非常理想。

6 揉面时间需要多久？

几乎在制作所有种类的面团时，长时间搅拌和充分揉面都是非常重要的，尤其是制作发酵面团更是如此。我会先用搅拌器将配料进行长时间搅拌，直到面团变得光滑柔软。然后再用手继续揉面，揉了一段时间之后，胳膊就会有明显的感觉。从另一方面来说，这样谁还需要去健身房呢？10分钟之后，我会检验面团的坚固性（见问题5），如需要，可以在上述时间基础上再继续揉面5分钟。

7 在冰箱里冷藏醒发面团？

大多数的烘焙书籍中都表示，在温暖的地方制作发酵面团；许多食谱甚至建议，将它放入运转的烤箱里，以使它能够发酵。但是，这并非取决于温度，最重要的是面团的醒发时间，以使酵母菌能够发挥其活性效力。因此要慢一些，越慢面团的发酵就会越彻底。这样做的结果是，烘焙出的糕点更加酥松，保存时间也会更长。

杏仁咕咕霍夫蛋糕
Gugelhupf mit Mandeln

一定要注意蛋糕在烘焙过程中会膨胀得很高！因此，您只需用面团填充空心蛋糕模具的一半高度即可。

●●○○

1 个咕咕霍夫蛋糕模具（直径 20 厘米或 1 升容量；12~14 块）| 每块蛋糕（平均分成 14 块）
所含热量约 210 千卡　制作时间：45 分钟　醒发时间：隔夜 +1 小时 30 分钟　烘焙时间：45 分钟

制作发酵面肥所需配料

面粉　100 克（550 型号）
鲜酵母　　2 克
凉牛奶　　220 毫升

制作面团所需配料

葡萄干　90 克
杏仁碎　50 克
朗姆酒　50 毫升

香草荚　　1/2 根
软黄油　　120 克
白砂糖　　35 克
杏仁泥　　20 克
精盐　1/2 茶匙（约 3 克）
柠檬皮碎　1/2 个 有机柠檬
鸡蛋 1 个（大号或特大号；室温）
鲜酵母　3 克 | 牛奶　1 汤匙
面粉　　150 克（405 型号）

其他

涂抹模具用黄油
面粉

1 烘焙前一天制作发酵面肥（老面）：将面粉、酵母和牛奶放入盆中，用烹调用的勺子搅拌均匀。用保鲜膜将盆覆盖住，放入冰箱冷藏一晚，使其醒发。

2 制作面团：将葡萄干、杏仁碎加入朗姆酒中，盖上盖子浸泡一晚上，使其变软。

3 制作当天，将香草荚一分为二剖开，刮出里面的香草籽，把黄油、白砂糖、杏仁泥、香草籽、精盐和柠檬皮碎用手持式搅拌器或厨房多功能料理机进行搅拌，使其呈轻乳状，再加入鸡蛋一起搅拌。

4 用牛奶将酵母搅拌均匀后，与发酵面肥（老面）和面粉一起加入黄油糊中，用手持式搅拌器的和面功能或采用料理机的低档功能，将所有配料一起和面 10 分钟。然后采用料理机的较高档功能继续揉大约 15 分钟至面团光滑，并出现轻微光亮度。把面团放入盆中，盖上保鲜膜，在室温下醒发约 30 分钟。

5 将浸泡过的葡萄干、杏仁碎沥干水分后，揉进发酵面团中。再将面团覆盖上保鲜膜继续醒发 30 分钟。

6 在咕咕霍夫蛋糕模具内涂抹黄油，将面团置于撒有面粉的制作台面上，揉至柔软光滑的球形后，压到模具中。用保鲜膜将蛋糕模具盖好，使面团在室温下醒发约 30 分钟，直到其体积增加约一倍。烤箱预热至 200℃。

7 将咕咕霍夫蛋糕放入烤箱（中层）烘焙 35~45 分钟，烤至金褐色后取出，倒扣在蛋糕冷却网架上，使其凉透。

咕咕霍夫蛋糕如果用蒸汽烘焙，体积膨胀得还要更大。为此，在烤箱预热时就在里面放置一个小烤盘，使其加热。然后将咕咕霍夫蛋糕放进烤箱，在模具中倒入约 150 毫升水，立即关上烤箱门，进行蒸汽烤蛋糕。

还可以变换花样：葡萄干可以全部或部分用其他水果干来代替，例如：樱桃、杏肉、无籽黑葡萄干……

樱桃黄油蛋糕
Butterkuchen mit Kirschen

北极人堪称是黄油蛋糕的烘焙大师。这款蛋糕可以说是完美的日常蛋糕，因为它能够长时间保鲜。

●●○○

1 烤盘（24 块）| 每块蛋糕所含热量约 140 千卡

制作时间：30 分钟　醒发时间：1 小时　烘焙时间：30 分钟

制作发酵面团所需配料

面粉　250 克（550 型号）
鲜酵母　10 克（约 1/4 块）
凉牛奶　80 毫升
白砂糖　25 克
蜂蜜　1 茶匙（5 克）
鸡蛋　1 个（中等大小）
软黄油　40 克
精盐　少量（4 克）
香草荚　1/4 根
有机柠檬皮碎　少量

制作樱桃涂层所需配料

酸樱桃　1 杯（净重约 350 克）
香草布丁粉　25 克
白砂糖　2 汤匙（30 克）
肉桂粉　微量

制作炼乳涂层所需配料

脱脂炼乳　250 克
鸡蛋 1 个（中等大小）| 精盐
香草布丁粉　1 茶匙（5 克）
白砂糖　50 克
柠檬皮碎　1 个有机柠檬
葡萄干　2 汤匙（20 克）

制作顶层碎粒所需配料

香草荚　1/2 根
面粉　90 克（405 型号）
软黄油　50 克
白砂糖　50 克
精盐
柠檬皮碎　1/2 个有机柠檬

其他

涂抹烤盘用黄油
面粉
杏仁片 2 汤匙（10 克）

1 制作发酵面团：将所有配料用手持式搅拌器或厨房料理机的低档功能搅拌和面 10 分钟。然后使用较高档功能和面约 5 分钟，使面团变得光滑柔软。把面团放入盆中并盖上保鲜膜，置于室温下至少醒发 1 小时。

2 制作樱桃涂层：将酸樱桃倒入过滤器挤出樱桃汁，取出 75 毫升樱桃汁与布丁粉、白砂糖和肉桂粉混合搅拌均匀。另外取出 100 毫升樱桃汁煮开，将布丁粉混合物边搅拌边加入，煮开几次后拌入樱桃果肉，放置使其冷却。

3 制作炼乳涂层：将炼乳与鸡蛋和微量精盐混合搅拌。布丁粉与白砂糖混合后加入炼乳继续搅拌，然后掺入柠檬皮碎和葡萄干一起搅拌。

4 制作蛋糕顶层碎粒：将香草荚纵向剖开并刮出香草籽。把香草籽、面粉、黄油、白砂糖、微量精盐和柠檬皮碎混合到一起，揉捏较长时间直至形成碎粒。

5 烤箱预热至 190℃。烤盘内涂抹上黄油，将面团放到撒有干面粉的制作台面上擀平，然后将擀好的面皮铺到烤盘上。

6 将制作好的炼乳放入直径 9 毫米漏嘴的裱花袋里，在面皮上摊成大圆点状，用汤匙将樱桃涂层配料置于炼乳圆点中。再在上面撒上碎粒和杏仁碎片后，将蛋糕放入烤箱（中层）烘焙约 30 分钟至金黄色。蛋糕在烤盘中冷却，可保鲜约两天时间。

在烘焙时间的最后10分钟，检查蛋糕底部颜色是否已经变深。这种情况下，我会关掉烤箱底热。如果您的烤箱无法做到这一点，您可以直接把作为隔热层的烤盘推到下层。

温馨提示
海恩斯·
韦伯

这款蛋糕我也喜欢用其他水果来做。您可以尝试一下，制作我的第二个最爱 —— 杏肉黄油蛋糕。可以使用新鲜的杏或者杏肉罐头。

迷你西梅脆皮蛋糕
Mini Streuseltaler mit Zwetschgen

此款迷你西梅脆皮蛋糕以其松软度和温润的装饰层而博得人们的喜爱。在众多甜点中，它们是知名的畅销产品。

●●○○

10 块蛋糕 | 每块所含热量约 440 千卡

制作时间：1 小时　醒发时间：2 小时 + 隔夜　烘焙时间：30 分钟

制作发酵面团所需配料
面粉　500 克（550 型号）
鲜酵母　18 克
凉牛奶　约 200 毫升
白砂糖　50 克
蜂蜜　1 汤匙（10 克）
鸡蛋　1 个（中等大小）
软黄油　75 克
精盐　2 茶匙（10 克）
香草籽　1/4 根（香草荚）
柠檬皮碎　1/4 个有机柠檬

制作香草奶油所需配料
牛奶　1/4 升
白砂糖　35 克
香草布丁粉　1/2 包（18 克）
蛋黄　1 个（中等大小）

制作顶层碎粒所需配料
黄油　50 克
香草荚　1/4 根
面粉　90 克（405 型号）
杏仁粉　1 汤匙（10 克）
榛子粉　1 汤匙（10 克）
白砂糖　45 克
有机柠檬皮碎　1 茶匙
精盐

其他
面粉
西梅　500 克
用于涂抹的鸡蛋　1 个

1 烘焙前一天制作发酵面团：将所有配料用手持式搅拌器或厨房多功能料理机的低档功能搅拌和面 10 分钟。然后使用较高档功能继续和面约 5 分钟，使面团变得光滑柔软。把面团放入盆中并盖上保鲜膜，置于室温下至少醒发 1 小时。

2 将面团放到撒有面粉的制作台面上充分揉捏，分成 10 块并揉成球形，放置到撒有面粉的平盘上，并用保鲜膜盖好。将面球放到冰箱里冷藏过夜。

3 第二天将面球放到撒有干粉的制作台面上，充分揉捏后用保鲜膜覆盖，置于室温下醒发至少 30 分钟。

4 制作香草奶油：将 200 毫升牛奶与白砂糖同煮。剩余牛奶与布丁粉、蛋黄搅拌均匀，边搅拌边倒入牛奶。煮开几次后，将做好的奶油倒入盆中，并迅速盖上保鲜膜，以避免形成硬皮。将奶油放置冷却。

5 在此期间将西梅洗净后一分为二并去核。将面团再揉成直径约 10 厘米的球形，放置到铺好烤箱纸的两个烤盘里。用茶杯底端（直径为 5~7 厘米）在每个面皮中间压出凹槽。将鸡蛋搅拌好后，涂抹到面皮的边缘，在凹槽内分别填充约 2 汤匙的香草奶油。

6 制作蛋糕顶层碎粒：将黄油放到锅中融化。将香草荚纵向一分为二，刮出香草籽。用手持式搅拌器或厨房多功能料理机把面粉、杏仁粉、榛子粉、白砂糖、柠檬皮碎、微量精盐和香草籽混合搅拌。然后加入黄油，继续揉捏直至形成碎粒。

7 每 3~4 颗西梅压入香草奶油中，撒上些许碎粒，用保鲜膜盖好，在室温下放置约 30 分钟。烤箱预热至 220℃。

8 将装有迷你西梅蛋糕的烤盘放入烤箱（中层），烘焙约 15 分钟至金褐色，取出后放到蛋糕网架上冷却。

德累斯顿鸡蛋黄油蛋糕
Dresdner Eierschecke

此款蛋糕的魔力所在——特别松软的发酵面团。秘密所在——少量酵母。因此请精确称重。

●●○○

1 烤盘（24 块蛋糕）| 每块所含热量约 225 千卡

制作时间：55 分钟　醒发时间：隔夜　烘焙时间：35 分钟

制作发酵面团所需配料	制作炼乳涂层所需配料	其他
面粉　250 克（550 型号）	鸡蛋　2 个（中等大小）	用于涂抹烤盘的黄油
凉牛奶　80 毫升	白砂糖　100 克	面粉
鲜酵母　10 克	柠檬皮碎　1/2 个有机柠檬	杏仁片　50 克
白砂糖　25 克	脱脂炼乳　500 克	精盐	黄油　30 克
蜂蜜　5 克		白砂糖　2 汤匙
鸡蛋　1 个（中等大小）	**制作黄油鸡蛋糊所需配料**	肉桂粉　微量
软黄油　40 克	香草荚　1/2 根	
精盐　1 茶匙（5 克）	软黄油　180 克	
香草荚　1/4 根	白砂糖　150 克	精盐	
有机柠檬皮碎　少量	鸡蛋　4 个（中等大小，室温）	
	淀粉　2 汤匙（30 克）	

1 烘焙前一天制作发酵面团：将所有配料用手持式搅拌器或厨房多功能料理机的低档功能搅拌和面 10 分钟。然后使用较高档功能继续和面约 5 分钟，使面团变得光滑柔软。把面团放入盆中并盖上保鲜膜，放入冰箱冷藏过夜或者置于室温下至少醒发 1 小时。

2 制作当天将烤盘内涂抹上黄油。在撒有面粉的制作台面上将发酵面团擀平，然后平铺到烤盘上，用刀将面皮扎几下。烤箱预热至 200℃。

3 制作炼乳涂层：用手持式搅拌器或厨房多功能料理机将鸡蛋和白砂糖打发成泡沫状。加入柠檬皮碎、炼乳和微量精盐，所有配料搅拌均匀后放置待用。

4 制作黄油鸡蛋糊：将香草荚纵向一分为二，刮出香草籽。把黄油、白砂糖、香草籽和微量精盐用手持式搅拌器或厨房多功能料理机打发成乳状。加入 1 个鸡蛋和淀粉继续搅拌。剩余鸡蛋逐个搅拌加入，将黄油鸡蛋糊打发成泡沫状。

5 将炼乳涂抹到发酵面团上，再将黄油鸡蛋糊均匀涂抹到表面，再撒上杏仁片。然后将蛋糕放入烤箱（中层）烘焙 25~35 分钟至金黄色。

6 在小锅中将黄油融化，从烤箱中取出蛋糕，涂上黄油。将白砂糖与肉桂粉混合后，撒到蛋糕上面，放置冷却。

温馨提示
海恩斯·韦伯

如果烘焙进行 10~15 分钟后，面团膨胀产生气泡，您可以用刀在气泡上扎几下。这样蛋糕里的蒸汽就被排放出去，面团又重新与烤盘接触，就可以烤成金褐色了。

经典纯发面早餐包
KLASSIKER HEFETEIG PUR

完美的早餐享受！这种依次排序烤制出的长条小面包，出炉时新鲜而松软，与辫子面包一样都具有特别柔软且又蓬松多孔的面包芯。

长条小面包

1 烤盘（10 个小面包）| 每个所含热量约 280 千卡

制作时间：30 分钟　醒发时间：隔夜 +2 小时　烘焙时间：15 分钟

制作发酵面团所需配料
面粉　500 克（550 型号）
鲜酵母　18 克
凉牛奶　约 200 毫升
白砂糖　50 克

蜂蜜　1 汤匙（10 克）
鸡蛋　1 个（中等大小）
软黄油 75 克 | 精盐 10 克
香草籽　1/4 根香草荚
柠檬皮碎　1/2 个有机柠檬

其他
面粉
涂抹用的鸡蛋　1 个

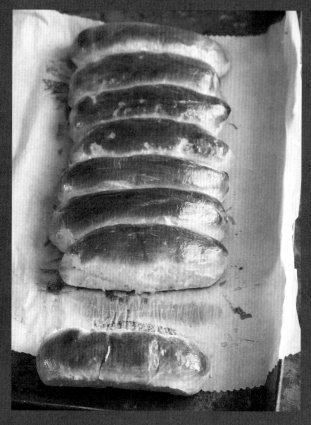

1 烘焙前一天制作发酵面团：将所有配料用手持式搅拌器或厨房多功能料理机的低档功能搅拌和面 10 分钟。然后使用较高档功能继续和面约 5 分钟，使面团变得光滑柔软，用保鲜膜盖好面团，置于室温下至少醒发 1 小时。

2 在撒有面粉的制作台面上充分揉捏发酵面团，将其分成 10 块并揉成圆形。将面球放置在撒有面粉的平盘上，覆盖上保鲜膜后放入冰箱冷藏，隔夜醒发。

3 第二天将面球充分揉捏，做成 12 厘米长的长卷，间隔 1~2 厘米摆放在铺有烤箱纸的烤盘上。鸡蛋用打蛋器打散，将长卷涂上薄薄的一层蛋液（剩余部分放入冰箱保存）并盖上保鲜膜。制作好的长卷在室温下放置，醒发 30~60 分钟。烤箱预热至 220℃。

4 将长卷重新涂抹上蛋液，放入烤箱烘焙 10~15 分钟至金褐色。然后取出全部长条小面包，放置冷却。

葡萄干辫子面包

2 个辫子面包（每个约 15 块）| 每块所含热量约 110 千卡

制作时间：45 分钟　醒发时间：隔两晚 +1 小时　烘焙时间：40 分钟

制作发酵面团所需配料

葡萄干 60 克 | 朗姆酒 50 毫升	白砂糖 75 克 | 鸡蛋 1 个
面粉　500 克（550 型号）	蛋黄　2 个（中等大小）
香草荚　1/2 根	软黄油　90 克
鲜酵母　18 克	精盐　1 大茶匙（7 克）
凉牛奶　200 毫升	有机柠檬皮　微量

其他

面粉
涂抹用的鸡蛋　1 个
冰糖或杏仁片

1 烘焙前两天制作发酵面团：将葡萄干与朗姆酒混合后封盖，隔夜浸泡。

2 烘焙前一天将面粉过筛到盆中。香草荚纵向一分为二，刮出香草籽。将香草籽、酵母和其他配料加入面粉中，所有配料用手持式搅拌器或厨房多功能料理机的低档功能搅拌和面 10 分钟。然后使用较高档功能继续和面约 5 分钟，使面团变得光滑柔软。葡萄干沥干水分后，迅速放入面团中继续揉捏。将面盆用保鲜膜覆盖上，置于室温下醒发约 1 小时。

3 在撒有面粉的制作台面上充分揉捏发酵面团，并将其分成相同的 6 大块（每块约 150 克）。将面块揉成粗绳状，长度约为 25 厘米。三根"粗绳"间隔开且并排摆放好，将其中一端按压到一起。把"粗绳"编成一条辫子，按压住尾端，以使辫子扎到一起。另外三根"粗绳"也以同样的方式编成辫子。将两条辫子面包分别放到铺有烤箱纸的托盘上。鸡蛋打成蛋液后涂抹到辫子面包上（剩余部分放入冰箱冷藏保存）。用保鲜膜将辫子面包覆盖上，放入冰箱过夜醒发。

4 制作当天将烤箱预热至 180℃。把辫子面包连同烤箱纸一起移到烤盘上，用剩余的蛋液涂抹后置于室温下，醒发约 1 小时。撒上冰糖或杏仁片，再将发酵好的辫子面包放进烤箱（中层）烘焙 35~40 分钟至金褐色，取出后放到蛋糕网架上冷却。将其包装好，可以保鲜三天。

61

榛子馅牛角包
Nussgipfel

您可以在喝茶或咖啡时，享用这款精美甜点，或者如我的祖母所喜爱的那样，将牛角包浸泡到一大杯牛奶咖啡中享用。

●●○○

10 个牛角包 | 每个所含热量约 495 千卡

制作时间：1 小时　醒发时间：隔夜 +1 小时 30 分钟　烘焙时间：15 分钟

制作发酵面团所需配料	制作榛子馅料所需配料	其他
面粉 500 克（550 型号）	榛子 约 200 克	面粉
鲜酵母 18 克	白砂糖 120 克	用于涂抹的鸡蛋 1 个
凉牛奶 约 200 毫升	面包屑 60 克（最好自己研磨）	
白砂糖 50 克	肉桂粉 微量	
蜂蜜 1 茶匙（10 克）	柠檬皮碎 1/2 个有机柠檬	
鸡蛋 1 个（中等大小）	鸡蛋 2 个	
软黄油 75 克		
精盐 2 茶匙（10 克）		
香草籽 1/4 根香草荚		
柠檬皮碎 1/4 个有机柠檬		

1 烘焙前一天制作发酵面团：将所有配料用手持式搅拌器或厨房多功能料理机的低档功能搅拌和面 10 分钟。然后使用较高档功能继续和面约 5 分钟，使面团变得光滑柔软。把面团放入盆中并盖上保鲜膜，置于室温下至少醒发 1 小时。

2 将发酵面团在撒有面粉的制作台面上充分揉捏，然后分成 10 块并揉成圆形。把面球摆放到撒有面粉的平盘上，用保鲜膜盖住，放入冰箱冷藏，隔夜醒发。

3 烘焙当天制作榛子馅料：将 30 克榛子砸碎，170 克榛子研磨。所有榛子放入平底锅中翻炒，直至散发出芳香气味。75 毫升水中加入白砂糖煮开，将榛子与面包屑、肉桂粉以及柠檬皮碎混合，用烹饪勺搅拌热糖水。将做好的榛子糊放置冷却。

4 将鸡蛋边搅拌边加入榛子糊中。做出的糊状应当能够涂抹，但不能太稀，如有必要，还需添加少量水或者研磨好的榛子粉。

5 将每块面球在撒有面粉的制作台面上充分揉捏，擀成圆形（不必非常圆）。在较窄的一端分别放上一大汤匙榛子馅料，从此处将面皮卷起来。把面卷弯成小牛角形状后，摆放到铺有烤箱纸的两个烤盘上。将鸡蛋搅拌成蛋液，涂抹到榛子馅小牛角包上（剩余部分蛋液放入冰箱保存），在室温下放置约 30 分钟，使其醒发。

6 烤箱预热至 220℃。将榛子馅牛角包用剩余蛋液再涂抹一次，然后把烤盘放入烤箱（中层）烘焙 10~15 分钟。取出榛子馅牛角包后，放置到冷却网架上，使其凉透。

变换花样

制作奶油榛子糖牛角包，我只使用一半榛子馅料，添加 200 克奶油榛子糖，将其切成小方块，混合加入到榛子馅料中，如上述所描述的那样填充馅料、烘焙牛角包。

新鲜出炉的榛子馅牛角包口味最佳。制作时您也可以变换馅料，使用杏仁馅料或部分使用核桃馅料。

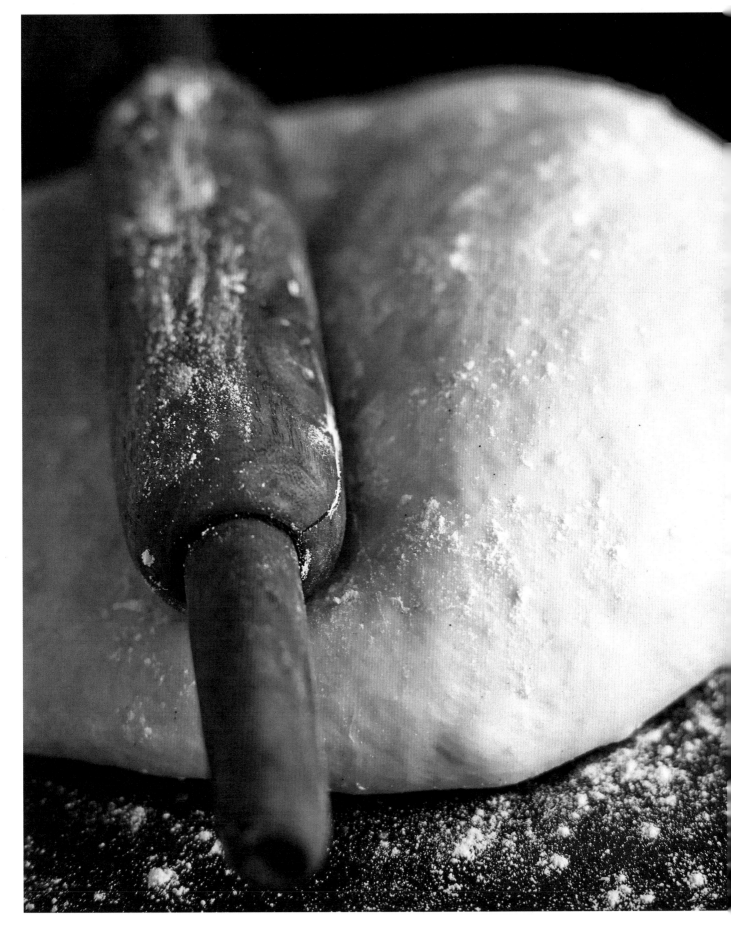

意大利潘妮托妮面包
Panettone

如果按照这里介绍的传统方法来制作这款潘妮托妮蛋糕，它将让我们享受到真正的意大利美好时光。

●●○○

1个意大利潘妮托妮蛋糕模具（直径28厘米或2升容量，可用咕咕霍夫蛋糕模具代替；14块）| 每块所含热量约165千卡　制作时间：30分钟　醒发时间：隔夜+5小时　烘焙时间：45分钟

制作老面所需配料

面粉　120克（550型号）
鲜酵母　　2克
牛奶　　75毫升
白砂糖　1汤匙（15克）
蛋黄　1个（中等大小）
酸奶　1汤匙（40克）
软黄油　　20克

水果配料

葡萄干　125克
蜜饯柑橘皮 30克（小方块）
蜜饯柠檬皮30克 | 朗姆酒50毫升

黄油混合物所需配料

软黄油 40克 | 精盐 微量
蛋黄　2个（中等大小）
白砂糖　　1汤匙（15克）
柠檬皮碎　1/4个有机柠檬
柑橘皮碎　1/4个有机柑橘

制作面团所需配料

面粉　150克（550型号）
牛奶　　65毫升
鲜酵母　　3克

其他

用于涂抹蛋糕模具的黄油
用于涂抹的鸡蛋　1个

1 烘焙前一天制作老面：用手持式搅拌器或厨房多功能料理机的和面功能将面粉、酵母、牛奶、白砂糖、蛋黄和酸奶揉捏到一起。最后加入黄油继续揉捏。将老面用保鲜膜覆盖，放置于温暖处醒发大约1小时，然后放进冰箱隔夜（至少16小时）醒发。

2 水果配料：将葡萄干、蜜饯柑橘皮和蜜饯柠檬皮与朗姆酒混合在容器中，封上盖子浸泡一晚，使其变软。

3 制作当天配置黄油混合物：用手持式搅拌器或厨房多功能料理机的搅拌功能将所有配料搅拌均匀。

4 制作面团：用手持式搅拌器或厨房多功能料理机的和面功能将面粉、牛奶、酵母和面肥（老面）揉到一起，加入沥干水分的水果及黄油混合物，

将面团用低档功能继续和面10分钟，直至面团变得光滑柔软。用保鲜膜将其盖住，放置于温暖处醒发大约30分钟。然后充分揉捏面团，盖好保鲜膜后继续醒发30分钟。

5 将面包模具涂抹上黄油。充分揉捏面团后，将其放到模具中，表层涂抹上打好的蛋液。用保鲜膜盖住面包模具置于室温下，醒发2~3个小时。

6 烤箱预热至200℃。将面包放入烤箱（中层）烘焙大约15分钟，然后将烤箱温度降低至180℃，继续烘焙大约30分钟至金褐色。取出后将面包脱模，放置到网架上冷却。这款面包用保鲜膜包装，至少可保鲜两周时间。

迷你意大利潘妮托妮面包是非常受欢迎的礼物。您可以制作相同量的面团，填充到两个面包模具中，每个直径20厘米（或1升容量）。烘焙时间大约25分钟。

温馨提示
海恩斯
韦伯

蔓越莓圣诞果脯蛋糕
Cranberry stollen

烘焙圣诞果脯蛋糕时，不一定非得用葡萄干。而蔓越莓以其微酸的水果清香，给人留下了深刻的印象。

●●○○

1 个盒式或长方形蛋糕模具（长度 26 厘米，容量 2 升；12 块）| 每块所含热量约 200 千卡

制作时间：1 小时　醒发时间：隔夜 + 1 小时 30 分钟　烘焙时间：40 分钟

制作发酵面团所需配料	制作蛋糕馅料所需配料	其他
面粉　250 克（550 型号）	研磨杏仁粉　25 克	面粉
鲜酵母　9 克	杏仁泥　25 克	用于涂抹模具的黄油
凉牛奶　100 毫升	香草布丁 75 克（自制或冷藏品）	杏肉果酱　约 50 克
白砂糖　40 克	乳清干酪（意大利软酪）125 克	糖粉　2 汤匙
蛋黄　2 个（中等大小）	蛋黄　1 个（中等大小）	柠檬汁　1/2 汤匙
软黄油　45 克	柠檬皮碎　1/2 个有机柠檬	
精盐　1 茶匙（4 克）	蔓越莓干　50 克	
香草籽　1/2 根香草荚		
有机柠檬皮碎　微量		

1 烘焙前一天制作发酵面团：用手持式搅拌器或厨房多功能料理机的和面功能（采用低档），将所有配料揉到一起。再用较高档继续揉面约 5 分钟，使面团变得柔软光滑。然后将面团盖上保鲜膜置于室温下，至少醒发 1 小时。

2 把面团放到撒有面粉的制作台面上充分揉捏，揉成一个细长面卷，盖好保鲜膜后放入冰箱内冷藏，醒发一晚。

3 制作当天准备馅料：用手持式搅拌器或厨房多功能料理机的搅拌功能将杏仁粉、杏仁泥和布丁混合搅拌均匀。再加入乳清干酪（意大利软酪）、蛋黄和柠檬皮碎继续搅拌，最后放入蔓越莓干。

4 模具内涂抹黄油。在撒有面粉的制作台面上，将发酵面团揉成约 26×20 厘米的长方形。涂抹好蔓越莓馅料并从长边卷起来，用刀纵向斜切 5~6 刀，然后将其放入模具中，用保鲜膜盖住并置于室温下，醒发约 30 分钟。

5 烤箱预热至 190℃，底部放置一个小烤盘。将果脯蛋糕放进烤箱（中层），烤盘里加入 150 毫升水，立即关上烤箱门，烘焙 35~40 分钟至金褐色。如果有必要的话，在烘焙的最后时间里，将蛋糕盖上铝箔纸。

6 从烤箱中取出蔓越莓圣诞果脯蛋糕，倒扣在网架上冷却。将糖粉与柠檬汁混合搅拌成黏稠状，涂抹到蛋糕上，放置晾干。

温馨提示
海恩斯
韦伯

制作这款蛋糕，当然您也可以用炼乳代替乳清干酪（意大利软酪）。但乳清干酪会使蛋糕的芳香气味更浓。

法式萨瓦兰草莓小蛋糕

Savarins mit Erdbeeren

这款浸渍并带有草莓夹层的小蛋糕，作为午后咖啡的精美甜点，品尝起来味道好极了。

●●○○

8 个萨瓦兰小蛋糕模具（直径 8 厘米）| 每个所含热量约 330 千卡

制作时间 1 小时　醒发时间：隔夜 + 3 小时　烘焙时间：15 分钟

制作老面所需配料

面粉　80 克（405 型号）
鲜酵母　　2 克
凉牛奶　　60 毫升

制作面团所需配料

面粉　170 克（405 型号）
鲜酵母　　2 克
凉牛奶　　100 毫升
白砂糖　1 汤匙（15 克）

精盐　1/2 茶匙（3 克）
蛋黄　2 个（中等大小）
柠檬皮碎　1/2 个有机柠檬
软黄油　60 克

制作糖浆所需配料

白砂糖　3 汤匙（45 克）
朗姆酒　20 毫升

制作蛋糕夹层所需配料

草莓　　300 克
食用明胶　1 片
奶油　250 克
白砂糖　1 汤匙

其他

面粉
用于涂抹模具的黄油
用于撒在蛋糕上的糖粉

1 烘焙前一天制作老面：将面粉与鲜酵母、凉牛奶混合搅拌，之后将做好的老面盖上保鲜膜，放入冰箱醒发一晚。

2 制作面团：制作当天，用手持式搅拌器或厨房多功能料理机的和面功能（采用低档），将面粉与鲜酵母、牛奶、白砂糖、精盐、蛋黄、柠檬皮碎、黄油和老面混合搅拌，和面约 10 分钟。然后再用较高档继续和面约 5 分钟，直至面团变得光滑柔软。将面团放入盆中并用保鲜膜覆盖，在室温下至少醒发 1 小时。

3 将面团放到撒有面粉的制作台面上充分揉捏好后，盖上保鲜膜，再次醒发 1 小时。

4 在小蛋糕模具内涂抹上黄油。面团充分揉好以后，做成一条均匀的面卷，切成每个重约 50 克的面块。再将面块揉成 15 厘米长的面卷，分别将末端按压到一起、形成环形，将其放到模具中。用保鲜膜盖住萨瓦兰小蛋糕模具，置于室温下，

再次醒发约 1 小时。

5 烤箱预热至 220℃。将制作好的萨瓦兰小蛋糕放入烤箱（中层）烘焙大约 15 分钟至金黄色。取出后将蛋糕倒扣在网架上冷却。

6 制作糖浆：将 150 毫升水和白砂糖一起煮开，冷却后掺入朗姆酒，依次将萨瓦兰小蛋糕浸入糖浆中。

7 制作蛋糕夹层：草莓洗净切片，食用明胶放入冷水中泡软，奶油与白砂糖一起打发成黏稠状。从水中捞出明胶放到小锅里进行搅拌，用中火将其融化开，稍微冷却。将微温的但还是液体状的明胶掺入奶油中搅拌。

8 将萨瓦兰小蛋糕横向一分为二切开，为下半部分的小蛋糕涂抹上一些奶油，并放上草莓后，再将上半部分的小蛋糕摆放上去。在表面撒上糖粉后就可以享用美味的法式萨瓦兰草莓小蛋糕了。

温馨提示
海恩斯
韦伯

您也可以使用制作酥松蛋糕的模具烘焙一个大的萨瓦兰蛋糕。那样，烘焙时间就需要增加至大约25分钟。

如果和孩子一起分享，您可以用橙汁或苹果汁来取代朗姆酒，来增加糖浆的芳香气味。

软面糊

这种柔软的面糊用于烘焙我们最喜爱的大理石花纹蛋糕或柠檬蛋糕简直无与伦比！它可以不断变换花样，烘焙出超级美味的新款蛋糕。

分步指导：
软面糊基础烘焙食谱

软面糊的秘密所在是室温下的配料以及迅速搅拌加入面粉与泡打粉的混合物。不需要再添加更多的配料。

●●○○

约500克酥松蛋糕面糊及1个咕咕霍夫蛋糕模具（直径20厘米，1升容量）或1个盒式蛋糕模具（长度20厘米，1升容量）

黄油　125克	柠檬皮碎　1/4个有机柠檬	**其他**
白砂糖　125克	鸡蛋　　3个（小号）	用于涂抹蛋糕模具的黄
淀粉　　25克	面粉　100克（405型号）	油、面粉
精盐　　1/4茶匙	泡打粉　微量（2克）	

1 传统的软面糊是由黄油、白砂糖、鸡蛋、面粉组成的，还可以加入淀粉和泡打粉。为了成功制作出面糊，所有配料应保持室温状态。用坚果、巧克力、水果、果脯或者香料，可以制作出各种各样的面糊。

2 将三分之一的黄油放入锅中融化后，将其与剩余的黄油、白砂糖、淀粉、精盐和柠檬皮碎，用手持式搅拌器或厨房多功能料理机混合搅拌2~3分钟。

3 鸡蛋放入盆中搅拌好以后，将其用手持式搅拌器或厨房多功能料理机逐渐与黄油混合物搅拌，以形成起泡面糊。

5 用刮刀或木制烹饪勺将面粉快速搅入黄油鸡蛋面糊中，充分搅拌好。尽可能不用手持式搅拌器或厨房多功能料理机进行搅拌，因为这样会使面糊黏稠坚硬。

4 将面粉和泡打粉混合后，过筛至黄油鸡蛋面糊上。

6 模具内涂抹黄油、撒上面粉后，将做好的面糊装入其中，只需填满模具的三分之二即可。将蛋糕放入已预热至220℃（中层）的烤箱中，将温度调低至190℃，烘焙大约35分钟至金褐色。

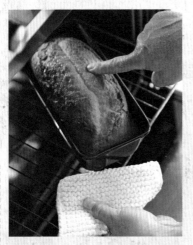

8 蛋糕是否真正烤好，也可用餐刀来检验。将餐刀插入蛋糕中间再拔出来，如果餐刀没有粘上面糊，您就可以取出蛋糕了。

7 在烘焙时间结束之前的几分钟，用手指轻轻按压蛋糕，通过检验弹性来判断蛋糕是否烤熟。如果按压之后形成凹陷，就必须再继续烤蛋糕。如果按压后又弹回，说明蛋糕已烤好或者几乎烤好。

9 从烤箱中取出蛋糕后，在模具中静置5~10分钟，然后倒扣在网架上冷却。

专家提示:

制作软面糊注意事项

我们所喜爱的很多种蛋糕的基本制作材料都是这种面糊,制作快速、面糊柔软。制作时同样也需要耐心,需牺牲您的一些时间,尤其是在面糊醒发时。

1 所有用料都必须是室温状态吗?

原则上是这样的。如果加入面糊中的鸡蛋温度过低,就可能发生油脂和糖糊凝结成块的现象。因此,我会在烘焙之前的半小时将鸡蛋从冰箱里取出,黄油也同样。如果向面糊中加入黄油之前,将其放入锅中或微波炉中稍微加热一下,这样在烘焙时就会获得最佳效果。

2 烘焙时可以用人造黄油来取代黄油吗?

如果您想使用人造黄油,就按照食谱中所述的黄油使用量。但是,对我而言,黄油的口味明显要好于人造黄油。即使是涂抹模具(制作软面糊时要彻底将模具内涂抹上黄油),我也从不愿放弃使用优质的黄油。顺便提一下,甜黄油的口味最佳,酸黄油和咸黄油却可以赋予某些糕点完全不同的新颖口味。也可以用食用油来代替黄油——您可以按照我的食谱制作速成蛋糕来检验一下(见第 78 页)。

3 为什么鸡蛋在加入黄油糖糊中之前需要搅拌?

当我制作酥松蛋糕面糊时,我会提前用打蛋器将鸡蛋搅拌好。然后,将打好的蛋液逐渐倒入面糊中——不要一下子倒进去。通过这种方式,蛋清和蛋黄才能与其他配料更好地融为一体。

4 面糊需要搅拌多久？

如果想烘焙出如书中图片那般精美的蛋糕，就必须在烘焙前彻底搅拌好面糊，足足需要 10 分钟。这一操作要使用厨房多功能料理机或手持式搅拌器，因为这样会使足够的气体搅入黄油和鸡蛋糊中。最终在加入面粉时，就应当停止搅拌，否则面糊会变稠变硬。掺入面粉时，我会将手持式搅拌器或厨房多功能料理机转换至低档位。

5 针对烘焙时烤箱的温度，必须要注意什么？

蛋糕在放入烤箱之前，必须要预热足够长的时间。我会在烘焙开始前至少 30 分钟启动烤箱，这样整个烤箱内部才会彻底加热。关于温度，当然不同的烘焙食谱会作不同的说明。我在烘焙糕点时，基本上会调低温度。糕点放入烤箱时的温度相对较高（190℃ ~220℃），烘焙 10~15 分钟后，再将温度调低至 160℃ ~180℃。对于软面糊制作的糕点，我总是放在烤箱上层 / 下层，因为循环的热气会使糕点变干。

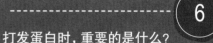

6 打发蛋白时，重要的是什么？

要想打发出完美的蛋白，鸡蛋必须是凉的。在分离鸡蛋时，蛋清中不能有一丝蛋黄的痕迹（如果蛋清中夹带蛋黄，打发时就无法变黏稠）。我会先在碗的上方敲开每个鸡蛋，那些敲开时蛋黄就已经混入蛋清的鸡蛋则要马上挑出来，更换使用其他鸡蛋。当把打发好的蛋白掺入到软面糊中时，先拌入其中的三分之一，再将剩余部分小心翼翼地拌进去。在操作中，无论如何不能使用手持式搅拌器和厨房多功能料理机，因为它们会将蛋白中的小气泡破坏掉。使用搅拌匙或打蛋器比较好，操作时稍微谨慎些。

7 如果面糊凝结成块该怎么办？

如果搅拌面糊时出现颗粒状，估计是鸡蛋的温度过低。解决这个问题，可以将面盆放入热水蒸锅中搅拌面糊。通过加温，油脂会变得比较软，这样，混合物就又可以变成乳状面糊了。

速成蛋糕
Ruck zuck Kuchen

如果想吃蛋糕，却又没时间烘焙，就可以选择制作这款速成蛋糕。保证您可以成功！

●●○○

1个盒式蛋糕模具（20厘米长，1升容量；12块）| 每块所含热量约205千卡

制作时间：15分钟　烘焙时间：40分钟

制作软面糊所需配料	食用油　　140克	**其他**
面粉　65克（405型号）	（比如：葵花籽油或菜籽油）	涂抹模具的黄油、面粉
淀粉　　65克	鸡蛋　3个（中等大小）	用于撒在蛋糕表面的糖粉
白砂糖　　130克	泡打粉　1茶匙（7克）	（根据个人喜好）

1 烤箱预热至220℃。将所有配料放入盆中，用手持式搅拌器或厨房多功能料理机的低档功能搅拌约10分钟，使其变得光滑。

2 在盒式蛋糕模具内涂抹黄油并撒上面粉，将面糊倒入模具中抹平，放入烤箱（中层），把烤箱温度调低至180℃。蛋糕烘焙35~40分钟至金褐色。烘焙15分钟后，如果蛋糕表面鼓起一层皮，可在蛋糕中间纵向轻轻划一下（以使蛋糕在膨胀时不会肆意裂开）。在烘焙结束前几分钟，用按压方法检查弹性，并用餐刀检验的方法（见第75页）来检验蛋糕是否已经烤熟。

3 从烤箱中取出蛋糕，静置5~10分钟。然后将蛋糕倒扣在冷却网架上，使其凉透。根据个人喜好撒上糖粉。这种速成蛋糕包装好可以保存多日。

温馨提示
海恩斯
韦伯

这种快速制作出的软面糊，我也喜欢用来做水果蛋糕的底座。一个直径28厘米的圆形蛋糕模具，需要双倍量的配料。在烤好并凉透的蛋糕胚上放上水果，并在表面摊上蛋糕浇注料便大功告成了！如果喜欢，还可以先涂抹一层香草奶油（见第96页），然后再放上水果。

大理石花纹蛋糕 & "多瑙河之波" 蛋糕

"多瑙河之波"蛋糕会令我将任何一款奶油蛋糕都放到一边！因为配有酸樱桃和香草奶油的此款蛋糕，口感松软，是其他蛋糕无法超越的！当然，大理石花纹蛋糕也具有一种独特的芳香气味。

大理石花纹蛋糕 & "多瑙河之波" 蛋糕
Marmorkuchen & Donauwelle

●●○○

1 烤盘（20 块蛋糕）| 每块所含热量约 280 千卡

制作时间：1 小时 10 分钟　冷却时间：10 分钟　烘焙时间：25 分钟

制作浅色面糊所需配料

研磨榛子粉　　90 克
黄油　　　　　80 克
白巧克力块　　80 克
香草荚　　1/2 根
蛋黄　4 个（中等大小）
蛋清　3 个（中等大小）
白砂糖　　　70 克
精盐　　微量（2 克）
面粉　30 克（405 型号）

制作深色面糊所需配料

研磨榛子粉　　90 克
黄油　　　　　80 克
黑巧克力块　　80 克
香草荚　　1/2 根
蛋黄　4 个（中等大小）
蛋清　3 个（中等大小）
白砂糖　　　　80 克
精盐　　微量（2 克）
面粉　30 克（405 型号）

制作香草奶油所需配料

奶油　　　　200 克
食用凝胶　　2 片
牛奶　　　300 毫升
白砂糖　　40 克 | 精盐
香草荚　　1/2 根
蛋黄　1 个（中等大小）
香草布丁粉　　30 克

其他

用于涂抹烤盘的黄油、面粉
酸樱桃 200 克（瓶装罐头，净重）
用于撒在蛋糕表面的可可粉

1 制作浅色面糊：将榛子粉放入平底锅中炒至散发出香味。准备一个深烤盘，盘内涂抹黄油并撒上面粉。烤箱预热至 200℃。将黄油放入锅中略微加热。将白巧克力砸成碎块，装入金属碗中，置于热水蒸锅中使其融化。香草荚纵向一分为二剖开，刮出香草籽。将香草籽和蛋黄放入搅拌盆中，用手持式搅拌器进行混合搅拌。将热黄油呈细流状倒入其中并继续搅拌，再逐渐加入融化的巧克力乳，继续搅拌大约 1 分钟，直至面糊非常光滑均匀。

2 用手持式搅拌器或厨房多功能料理机将蛋清、白砂糖和精盐打发成乳状蛋白。面粉过筛后与榛子粉混合。用刮刀将制作好的蛋黄巧克力糊拌入蛋白中，最后再把面粉与榛子粉混合物拌入其中，将面糊呈波浪状填充到烤盘里。

3 制作深色面糊：所给配料按照步骤 1 和步骤 2 的描述，制作出深色面糊。将其涂抹到浅色面糊上，再把酸樱桃摆放到表面。

4 蛋糕放入烤箱（中层）烘焙 20~25 分钟后，取出使其冷却。

5 在此期间制作香草奶油：将奶油放入冰箱冷冻。食用凝胶在冷水中浸泡使其变软。香草荚纵向一分为二剖开并刮出香草籽。将 1/4 升牛奶和白砂糖、微量精盐以及香草籽放入锅中搅拌并煮开。剩余的牛奶与蛋黄和布丁粉混合搅拌后，加入到香草牛奶中，边搅拌边煮开。将锅从灶台上移开，将沥干水分的食用凝胶放入布丁中，使其溶解。最后将装有香草奶油混合物的小锅置于冷水盆中，搅拌使其冷却。

6 用手持式搅拌器或厨房多功能料理机将奶油打发成半黏稠状。将三分之一的奶油拌入香草奶油混合物中，剩余部分的奶油用刮刀小心翼翼地翻拌。把布丁乳涂抹到蛋糕上，不要涂抹得太光滑（看上去可以很随意并呈波浪状），间断性地撒上可可粉。用蘸湿的餐刀将"多瑙河之波"蛋糕切分成块。

烘焙"多瑙河之波"蛋糕的准备工作很容易：烘焙出带有樱桃的蛋糕，使其冷却。用保鲜膜盖住放入冰箱冷藏放置，可以存放多日。这样在食用当天，您就只需制作香草奶油，将其涂抹到蛋糕上即可。

温馨提示
海恩斯
韦伯

变换花样

用浅色和深色软面糊，您也可以烘焙大理石花纹蛋糕。将咕咕霍夫蛋糕模具（直径 28 厘米，2 升容量）涂抹黄油并撒上面粉，倒入浅色软面糊，最上面填充深色软面糊，用叉子在深浅两层面糊间呈螺旋形穿过，以使两者稍微混合在一起。将蛋糕放入预热至 220℃ 的烤箱（中层），烘焙约 35 分钟至金褐色。从烤箱中取出大理石花纹蛋糕，在模具内放置 5~10 分钟，然后倒扣在冷却网架上，使其冷却。食用前根据个人喜好，在大理石花纹蛋糕表面轻轻撒上一层过筛后的糖粉。

杏仁巧克力蛋糕
Mandel Schoko Kuchen

巧妙的反差——我最喜欢将这款香气袭人的蛋糕稍微冰一下，再为之配上一杯热咖啡。

●●○○

1 个咕咕霍夫蛋糕模具（直径 20 厘米，1 升容量，12 块）| 每块所含热量约 295 千卡

制作时间：25 分钟　烘焙时间：40 分钟

制作软面糊所需配料

香草荚	1 根
软黄油	80 克
蜂蜜 2 汤匙（20 克）	
精盐	
白巧克力块	70 克
白砂糖	60 克
鸡蛋 4 个（中等大小）	
黑巧克力块	45 克

研磨的杏仁粉　45 克
面粉 30 克（405 型号）

制作巧克力涂层所需配料

黑巧克力块　75 克
食用油　　　15 克
（如：葵花籽油或菜籽油）
白巧克力块　约 30 克
（根据个人喜好添加）

其他

涂抹模具的黄油
杏仁片 40 克（用于模具）

1 将蛋糕模具内涂抹黄油后，撒上杏仁片。烤箱预热至 190℃。

2 制作软面糊：将香草荚纵向一分为二剖开，刮出香草籽。用手持式搅拌器或厨房多功能料理机将黄油、香草籽、蜂蜜和微量精盐搅拌成乳状。白巧克力砸成碎块，装入金属碗中，置于热水蒸锅中使其融化。鸡蛋分离后，将蛋黄倒入边缘较高的搅拌盆中，徐徐加入融化的巧克力，并用搅拌器进行搅拌。再将蛋黄巧克力糊倒入乳状的香草蜂蜜黄油混合物中，加以搅拌。

3 用手持式搅拌器或厨房多功能料理机将白砂糖与 3 个鸡蛋清（剩余蛋清留作他用）打发成蛋白霜。将三分之一蛋白霜拌入已搅拌好的黄油巧克力糊中，剩余部分蛋白霜再小心翼翼地用刮刀翻拌进去。

4 将黑巧克力砸成细碎块，与杏仁粉和面粉混合在一起。同样将混合物拌入黄油蛋白糊中。把面糊装入蛋糕模具中并抹平。将蛋糕放进烤箱（中层），烘焙约 35 分钟至金褐色。

5 从烤箱里取出蛋糕，放置 5~10 分钟。然后倒扣在冷却网架上，使其凉透。

6 制作蛋糕的巧克力涂层：将黑巧克力砸成粗碎块状，放入金属碗中，置于热水蒸锅中使其融化。将食用油拌入融化的巧克力乳中，将其浇注到已冷却的蛋糕上。依据个人喜好，也可以将白巧克力用削皮刀刨成碎屑，趁蛋糕上的巧克力涂层还没有完全凝固，将碎屑撒到表面即可。

温馨提示
海恩斯·韦伯

黑巧克力要砸成极其细小的碎块，这样才能均匀地将其拌入面糊中，太粗的巧克力块在烘焙过程中会下沉。

精制而成的咕咕霍夫蛋糕：杏仁片和巧克力涂层使这款蛋糕
具有完美的外观，香草籽、巧克力碎块和杏仁则赋予了蛋糕
令人无法抗拒的味道。

经典迷你蛋糕
KLASSIKER MINI - KUCHEN

用这些甜甜的小礼物为自己加分：玛芬蛋糕可快速制作出来，杯子蛋糕甚至还能很好地储存。但是，谁又能经受得住美味蛋糕的诱惑呢？

杯子蛋糕

4 个密封口或带螺旋塞的玻璃杯（每个 1/4 升）| 每杯蛋糕所含热量约 600 千卡

制作时间：30 分钟　烘焙时间：30 分钟

制作软面糊所需配料		其他
黄油　125 克	白巧克力块　35 克	用于涂抹杯子的黄油
鸡蛋 2 个（中等大小）	面粉　125 克（405 型号）	
粗蔗糖　60 克	泡打粉　1/2 茶匙（4 克）	
香草糖　2 包（16 克）	肉桂粉　微量	
红葡萄酒　60 毫升	丁香粉　微量	
黑巧克力块　35 克	新鲜肉豆蔻　微量	
	白砂糖　40 克	

1 将杯子内涂抹黄油，烤箱预热至 200℃。制作面糊：黄油放入锅中加热。鸡蛋分离后，将蛋黄、粗蔗糖、香草糖和红葡萄酒混合到一起，用手持式搅拌器或厨房多功能料理机进行搅拌。再将热黄油徐徐拌入其中。

2 将黑白两种巧克力混合到一起砸成细碎块。面粉与泡打粉混合后过筛至碗中，加入香料。用手持式搅拌器或厨房多功能料理机将蛋清和白砂糖打发成蛋白霜。用刮刀将蛋白霜拌入黄油蛋黄糊中，再把面粉香料混合物与巧克力碎块拌入其中。

3 将面糊填充到杯子的三分之二处，放入烤箱（中层）烘焙 15~30 分钟。在烘焙结束前几分钟，用手指按压检查蛋糕弹性，并用餐刀检验的方法（见第 75 页）检验蛋糕是否已经烤熟。从烤箱中取出杯子后，立即拧紧杯盖，这样制作出的杯子蛋糕可以保存约两个月。

香蕉玛芬蛋糕

1 个玛芬蛋糕烤盘，12 个蛋糕 | 每个所含热量约 275 千卡

制作时间：25 分钟   烘焙时间：20 分钟

制作软面糊所需配料

黑巧克力块   100 克
面粉 180 克（405 型号）
泡打粉 1.5 茶匙（10 克）
天然酸奶   200 克
燕麦片   75 克
葵花籽   25 克
香蕉 250 克（200 克果肉）

鸡蛋 1 个（中等大小）
蜂蜜   120 克
食用油   80 克
（如：葵花籽油或菜籽油）

蛋糕装饰所需配料

几种新鲜水果
（如：草莓、香蕉、猕猴桃）
透明蛋糕浇注料 1 包
白砂糖   2 汤匙

1 制作面糊：烤箱预热至 200℃。将纸模放入玛芬蛋糕模具中的凹槽内。巧克力砸成粗块，与面粉和泡打粉混合。在碗内将酸奶与燕麦片和葵花籽混合。香蕉去皮后切成块状，放入高搅拌杯中，用搅拌器打成香蕉泥。

2 用手持式搅拌器或厨房多功能料理机将鸡蛋、蜂蜜和食用油进行搅拌，加入酸奶混合物，并将面粉混合物快速用刮刀翻拌进去。将面糊填充到纸模中，放进烤箱（中层）烘焙大约 20 分钟至金褐色。从烤盘中取出玛芬蛋糕，使其冷却。

3 制作蛋糕装饰：水果去皮或洗净，切成片状或整个保留，将其码放到玛芬蛋糕上。锅中放入 1/4 升水，加入蛋糕浇注料和白砂糖进行搅拌并煮开，随后冷却约 1 分钟。用汤匙将浇注料浇到水果上面，使其凝固。

温馨提示
海恩斯·韦伯

如果制作时间不够的话，我会放弃在蛋糕上加水果这一步骤，而是直接在玛芬蛋糕上涂抹杏肉果酱，并撒上巧克力碎屑。

柠檬蛋糕
Zitronen kuchen

这款细腻松软的柠檬蛋糕由液体黄油烘焙而成——柠檬的幽幽清香与之形成了巧妙的对比。

●●○○

1 个盒式蛋糕模具（26 厘米长，2 升容量；12 块）| 每块所含热量约 395 千卡

制作时间：40 分钟　烘焙时间：35 分钟

制作软面糊所需配料

液体黄油　230 克

白砂糖　200 克

淀粉　25 克

蜂蜜　30 克

香草布丁　50 克
（自制或冷藏品）

鸡蛋　6 个（小号）

面粉　230 克（405 型号）

泡打粉　1/2 茶匙（4 克）

制作蛋糕浇注料

糖粉　8 汤匙

柠檬汁　2 汤匙

或柠檬皮碎（1 个柠檬）

其他

涂抹模具的黄油或液体黄油

面粉

1 在蛋糕模具内涂抹液体黄油后，撒上面粉。烤箱预热至 220℃。

2 制作软面糊：用手持式搅拌器或厨房多功能料理机将液体黄油、白砂糖、淀粉和蜂蜜一起搅拌成乳状。将香草布丁、柠檬汁和柠檬皮碎拌入其中，再逐个加入鸡蛋搅拌。

3 面粉与泡打粉混合过筛后，用刮刀拌入黄油鸡蛋混合物中。将和好的面糊倒入蛋糕模具中，放入烤箱（中层），将烤箱温度调低至 180℃。蛋糕烘焙 40~45 分钟至金褐色后从烤箱中取出，静置 5~10 分钟，然后倒扣在冷却网架上，使其凉透。

4 制作蛋糕浇注料：糖粉与柠檬汁混合搅拌，将调好的浇注汁缓缓浇到蛋糕上，四周用刷子涂抹，放置约 2 小时，使其晾干。柠檬蛋糕包装好以后，可存放至少 5 天。

温馨提示
海恩斯
韦伯

制作这款柠檬蛋糕的浇注料时，应当注意不能太稀释。否则，就会出现浇注料渗入蛋糕并将其浸透的危险，而无法起到保护层的作用。

在一层酸甜糖衣的保护下，这款清香美味的柠檬蛋糕可以保鲜数日。

小胡萝卜蛋糕
Rüblikuchen

在我的学徒时期，小胡萝卜蛋糕就已经是我偏爱的蛋糕了，因为这款松软的蛋糕具有无以伦比的芳香味道。

●●○○

1 个圆形蛋糕模具（直径 26 厘米，12 块）| 每块所含热量约 405 千卡

制作时间：45 分钟　烘焙时间：35 分钟

制作软面糊所需配料

胡萝卜　　250 克
香草荚　　1/2 根
鸡蛋 4 个（中等大小）| 精盐
白砂糖　　150 克
黄油　　150 克
蛋黄　2 个（中等大小）
牛奶　　50 毫升
有机柠檬皮碎　1/2 茶匙
斯佩尔特小麦面粉 175 克
（630 型号）

泡打粉　　1 包
研磨榛子粉　　100 克

制作杏仁泥胡萝卜

杏仁泥　　50 克
糖粉　　50 克
橙色食用色素（粉状）少许
绿色食用色素（粉状）微量

其他

用于涂抹模具的黄油、面粉
杏肉果酱　80 克
糖粉　　200 克
柠檬汁　　1 汤匙

1 制作软面糊：将圆形蛋糕模具内涂抹黄油并撒上面粉，烤箱预热至 190℃。胡萝卜削皮后擦成细丝，将香草荚纵向一分为二剖开，刮出香草籽。

2 鸡蛋分离后，将蛋清与 50 克白砂糖及微量精盐用手持式搅拌器或厨房多功能料理机打发成蛋白霜，搅拌时间要足够长，以使白砂糖溶解。

3 将黄油放入锅中加热，用手持式搅拌器或厨房多功能料理机将香草籽、6 个蛋黄、牛奶、剩余的白砂糖和柠檬皮搅拌均匀，再徐徐倒入热黄油继续搅拌。然后用刮刀将蛋白霜小心翼翼地拌入黄油鸡蛋糊中。

4 面粉与泡打粉混合后，过筛至碗中。拌入榛子粉，所有配料连同胡萝卜一起加入到黄油鸡蛋糊中进行搅拌。将面糊填充到蛋糕模具中抹平，放入烤箱（中层）烘焙约 35 分钟至金褐色，取出后在模具中冷却。

5 制作杏仁泥胡萝卜：杏仁泥与糖粉揉捏光滑，其中 80 克与橙色食用色素，剩余部分与绿色食用色素分别揉捏，直到杏仁泥均匀染上色为止。用橙色的杏仁泥做出 12 个小胡萝卜，用一根小木棍分别在上面刻出横向的细小沟槽。再用绿色杏仁泥给每个小胡萝卜做出 3 片叶子，并将其按压到胡萝卜上。

6 将冷却后的蛋糕脱模，在果酱中加入 2 汤匙水煮开后，涂抹到蛋糕上。将糖粉与柠檬汁和 1~2 汤匙水搅拌均匀，涂抹到蛋糕及其边缘上。把杏仁泥胡萝卜按压到湿润的浇注料上，最后将小胡萝卜蛋糕切分成块。

温馨提示
海恩斯
韦伯

小胡萝卜蛋糕极其松软，包装好以后可以保鲜数日。若放置一整天令其入味，味道会更香。

打发出的蛋白霜最完美的状态是乳状，这样的蛋白霜更易于拌入面糊中。

草莓蛋糕
Erdbeerkuchen vom Blech

用软面糊和巧克力碎块制作而成的这款草莓蛋糕，当属制作蛋糕进行花样翻新的首选。

●●○○

1 烤盘（24 块蛋糕）| 每块所含热量约 230 千卡

制作时间：30 分钟　烘焙时间：25 分钟　放置时间：2 小时

制作软面糊所需配料

研磨去皮杏仁粉　90 克
白巧克力块　140 克
香草荚　1 根
软黄油　160 克
蜂蜜　40 克
精盐
鸡蛋　6 个（中等大小）
蛋黄　2 个（中等大小）
白砂糖　120 克

黑巧克力块　90 克
面粉　60 克（405 型号）或
斯佩尔特小麦粉（630 型号）

香草奶油混合物所需配料

食用明胶　3 片
牛奶　400 毫升
白砂糖　60 克
蛋黄　1 个（中等大小）
香草布丁粉　1 包（37 克）

蛋糕顶层所需配料

草莓　1 公斤
蛋糕浇注料 1 包（12 克）
白砂糖　1~2 汤匙

其他

用于涂抹烤盘的黄油、面粉

1 制作软面糊：在烤盘内涂抹黄油并撒上面粉。烤箱预热至 210℃。将杏仁粉放入平底锅中，炒至淡黄色后冷却。白巧克力砸成碎块，将其装入金属碗后，置于热水蒸锅中使其融化。香草荚纵向一分为二剖开，刮出香草籽。用手持式搅拌器或厨房多功能料理机将黄油与香草籽、蜂蜜和微量精盐搅拌成乳状。

2 蛋清与蛋黄分离。将融化的巧克力从热水蒸锅中取出，将 8 个蛋黄徐徐搅拌加入其中，再将做成的巧克力鸡蛋糊拌入黄油中。用手持式搅拌器或厨房多功能料理机将蛋清和白砂糖打发成黏稠的乳状蛋白霜，再将蛋白霜拌入黄油巧克力糊中。

3 黑巧克力砸成细碎小块，放入盆中与杏仁粉和面粉混合，并快速拌入黄油鸡蛋糊中。将面糊均匀地摊平到烤盘上，放入烤箱烘焙约 25 分钟至金褐色，取出后放置冷却。

4 在此期间制作香草奶油混合物：将食用明胶放入冷水中泡软。锅中加入 330 毫升牛奶，与白砂糖一起煮开。剩余部分的牛奶与蛋黄和布丁粉混合搅拌，加入已煮好的牛奶中，边搅拌边煮。将布丁从灶台上移开，加入沥干水分的食用明胶后进行搅拌，使其溶解。将做好的香草奶油混合物趁热涂抹到冷却后的蛋糕胚上，放置在阴凉处约 2 小时，使其凝固。

5 这期间开始制作蛋糕顶层：草莓清洗干净后切片，将其呈屋脊状摆放到布丁上。制作蛋糕浇注料：将 1/4 升水与蛋糕浇注料和白砂糖一起加入锅中搅拌并煮开，然后冷却大约 1 分钟。用汤匙将浇注糖汁浇到草莓上，使其凝固。最后将做好的草莓蛋糕切分成块。

此款蛋糕最吸引人之处在于巧克力——其中含有融化的巧克力以及碾成细碎块的巧克力。烘焙时，我会为那些狂热的巧克力粉丝们选用较大的巧克力碎块来制作蛋糕。

此款蛋糕的杏仁蛋糕底座可以长时间保鲜，蛋糕上的草莓被浇注糖汁保护层所覆盖——这也是草莓切块蛋糕在第二天仍能保持美味的最佳先决条件。

迷你苹果蛋挞
Mini Apfel Tartes

不带装饰的水果蛋糕是我们的友邻之邦——法国的一道特色甜品，也是度假期间给我留下的最美好回忆之一。

●●○○

8 个迷你苹果蛋挞（直径 10 厘米）| 每个所含热量约 460 千卡

制作时间：50 分钟　冷却时间：2 小时　烘焙时间：30 分钟

松脆蛋挞皮所需配料		荷兰式面糊所需配料		蛋糕顶层所需配料	
软黄油	100 克	去皮杏仁	95 克	酸苹果	500 克
白砂糖	50 克	白砂糖	60 克		
精盐		软黄油	90 克	**其他**	
蛋黄　1 个（中等大小）		蜂蜜　1.5 汤匙（15 克）		用于涂抹模具的黄油	
面粉　150 克（405 型号）		香草糖　1 茶匙（5 克）		面粉	
泡打粉　1/2 茶匙（3 克）		柠檬皮碎 1/2 个有机柠檬		杏肉果酱　60 克	
有机柠檬皮碎　1/2 茶匙		精盐			
		鸡蛋　2 个（中等大小）			
		苹果　1 个（果肉 70 克）			
		面粉　40 克（405 型号）			

1 用上述配料制作黄油鸡蛋面团（见第 16/17 页），然后用保鲜膜包好，放入冰箱内冷藏至少 2 小时。

2 在蛋挞模具内涂抹黄油，将黄油鸡蛋面团放到撒有面粉的制作台面上，擀成 2.5 毫米厚的面皮，借助于小碗压制出 8 个直径为 14 厘米的圆形面皮。在模具的底部和边缘铺上圆形面皮后，涂抹一层薄薄的杏肉果酱。烤箱预热至 190℃。

3 制作荷兰式面糊：将杏仁和 40 克白砂糖放入高搅拌杯中，用搅拌器搅碎。把杏仁砂糖混合物、黄油、蜂蜜、香草糖、柠檬皮碎和微量精盐用手持式搅拌器或厨房多功能料理机进行搅拌。鸡蛋分离后，将蛋黄徐徐搅拌入其中。

4 苹果平均切分成 4 块，去皮去核。将其中一块擦成粗丝，拌入黄油蛋黄糊中。将蛋清和剩余部分的白砂糖打发成黏稠的乳状蛋白霜，将其用刮刀拌入黄油苹果糊中，最后再拌入面粉。将制作好的荷兰式面糊均分到每个蛋挞模具中，并将表面抹平。

5 制作蛋糕顶层：苹果切分成 4 块，去皮去核。将每块苹果切成薄片，塑成圆形，重叠后轻放到荷兰式面糊上面。做好的蛋挞放入烤箱（中层），烘焙 25~30 分钟至金褐色，取出后在模具中冷却。

6 剩余的果酱中加入 1~2 汤匙水，在小锅中煮开并涂抹到滤网上过滤。蛋挞脱模后，将果酱涂抹到苹果片上。

温馨提示
海恩斯
韦伯

果酱在加热过程中会因失去水分而变得有些黏稠。因此，我会在里面掺入许多水，直到它达到合适的稠度，可以涂抹薄薄的一层。

萨赫蛋糕
Sacher torte

●●○○

1 个圆形蛋糕模具（直径 24 厘米，12 块）| 每块蛋糕所含热量约 675 千卡
制作时间：1 小时 15 分钟　放置：4 小时 + 隔夜　烘焙时间：35 分钟

制作软面糊所需配料

黑巧克力块　　165 克
黄油　　　　　165 克
鸡蛋　9 个（中等大小）
白砂糖　　　　260 克
精盐
面粉　165 克（405 型号）

制作馅料所需配料

白砂糖　　　　45 克
朗姆酒　　约 1 汤匙
黑巧克力块　　30 克
优质杏肉果酱　150 克

制作蛋糕涂层所需配料

优质杏肉果酱　100 克
黑巧克力块　　300 克
杏仁泥　　　　150 克
糖粉　100 克

1 烘焙前一天制作软面糊：将圆形蛋糕模具底部用烤箱纸或包装油纸铺好，烤箱预热至 190℃。巧克力砸成碎块后，装入金属碗，放到热水蒸锅中使其融化。黄油在锅中加热。

2 鸡蛋分离后，将蛋黄和一半白砂糖用手持式搅拌器或厨房多功能料理机打发成乳状。加入巧克力碎块后，再将加热的黄油慢慢搅拌掺入其中。蛋清与剩余部分的白砂糖和微量精盐一起打发成黏稠的乳状蛋白霜。将蛋白霜拌入蛋黄糊中，最后将过筛后的面粉搅拌进去。将做好的面糊倒入圆形蛋糕模具中，抹平后放入烤箱（中层），烘焙大约 35 分钟。在烘焙时间结束前的几分钟，用手指按压检查弹性的方法或者用餐刀来检验蛋糕胚是否已烤熟（见第 75 页）。

3 从烤箱中取出蛋糕胚，放置 5~10 分钟。然后用餐刀将蛋糕胚边沿脱模，倒扣在烤箱纸上，使其冷却 2~3 小时。

4 制作蛋糕馅料：将 140 毫升水与白砂糖一起煮开，冷却后与朗姆酒混合。将巧克力砸成碎块，放入金属碗中，再置于热水蒸锅中使其融化。用长刀将蛋糕胚水平切两刀，在第一层蛋糕胚的下面涂抹上巧克力后，使其晾干。

5 将第一层蛋糕胚的巧克力涂层这一面朝下放到平盘上，在边缘放上蛋糕模具圈，洒上朗姆酒糖水并涂抹上一半的巧克力。将第二层蛋糕胚放置到上面后，洒上剩余的糖水。用保鲜膜盖住蛋糕，倒扣到平盘上，将蛋糕模具圈盖上盖子。将蛋糕放入冰箱冷藏过夜。

6 第二天将蛋糕从冰箱里取出，在室温下放置 1 小时。制作蛋糕涂层：果酱煮开，蛋糕倒扣在平盘上，取下模具圈后，在蛋糕四周涂抹上果酱。将巧克力砸成碎块后，装入金属碗，放到热水蒸锅中使其融化（见第 8 页）。

7 将杏仁泥和糖粉揉到一起，在撒有糖粉的制作台面上，擀成直径约 40 厘米的圆形，放到蛋糕上并压好边缘后，剪掉多余部分的杏仁泥。

8 将融化好的巧克力浇注到蛋糕上，把上面和边缘涂抹均匀后，使其凝固。将尖刀在热水中浸泡几秒钟后取出并擦干，在蛋糕上标记出每一块的切痕。

萨赫蛋糕看上去就应当如此！内部超薄的杏肉果酱夹层和外部柔软的杏仁泥涂层使这款巧克力蛋糕带给你一种无与伦比的享受。

戚风蛋糕

制作咖啡甜点，自然少不了打蛋器。用蓬松的维也纳式面糊可以制作出美味的蛋糕和清香的奶油蛋糕卷——堪称糕点店的招牌甜点。

分步指导：
制作戚风蛋糕的**基本步骤**

制作时所使用的大量鸡蛋使浅色或深色维也纳式面糊蓬松多孔。黄油则使面糊更加松软。

●●○○
1 个圆形蛋糕模具或蛋糕模具圈（直径 26 厘米）

浅色戚风蛋糕所需配料
鸡蛋 6 个（中等大小）
白砂糖　　　180 克
面粉180 克（405 型号）
淀粉60 克 | 液体黄油 60 克

深色戚风蛋糕所需配料
鸡蛋 6 个（中等大小）
白砂糖180 克
面粉　160 克（405 型号）
淀粉　60 克 | 可可粉　40 克
液体黄油　40 克

其他
涂抹模具用的黄油、面粉

1 制作浅色戚风蛋糕：将鸡蛋、白砂糖和 25 毫升水放入金属碗，置于热水蒸锅中，用打蛋器进行搅拌。面糊在轻微搅拌下，升温至 35℃（微温）。然后倒入搅拌盆中。

2 用手持式搅拌器或厨房多功能料理机将鸡蛋糖糊搅拌 10~12 分钟，直至打发成轻乳状。完美的蛋白霜：当您用汤匙插入蛋白霜里再抽出来时，形成的痕迹会保留一段时间。

3 圆形蛋糕模具底部铺上烤箱纸或牛皮纸，烤箱预热至190℃。

5 所有配料混合搅拌好以后（按必需的时间长短进行搅拌），就立即将面糊倒入事先准备好的圆形蛋糕模具或蛋糕模具圈中，放进烤箱（中层），烘焙约35分钟至金褐色。

6 烘焙时间将近结束时，用手指按压蛋糕检查弹性，并用餐刀检验的方法（见第75页）来检验戚风蛋糕是否已经烤熟。如果按压时蛋糕表面有弹性，并且餐刀上没粘上面糊，说明蛋糕已烤好。

4 将面粉与淀粉混合后，过筛至盆中。用打蛋器把面粉混合物逐份拌入蛋白霜中，在拌入最后三分之一的面粉混合物时，掺入黄油一起拌进去。

7 取下蛋糕模具，将戚风蛋糕倒扣在烤箱纸上，使其至少冷却2小时，最好第二天再继续制作，这样效果最佳。此款戚风蛋糕用保鲜膜包装后，放置到阴凉处可保存5天，放入冰箱冷冻可保存3个月。

8 制作深色戚风蛋糕：同样将鸡蛋、白砂糖和25毫升水放入金属碗，置于热水蒸锅中，用打蛋器将其打发成轻乳状的蛋白霜。将面粉、淀粉和可可粉（最好是低脱脂的）混合后，过筛至盆中。

9 将面粉与可可粉混合物逐份拌入蛋白霜中，在拌入最后三分之一面粉混合物时，掺入黄油一起拌进去。将面糊倒入事先准备好的圆形蛋糕模具或蛋糕模具圈中，放进烤箱（中层），如同制作浅色戚风蛋糕一样，烘焙约35分钟。

专家提示：

制作戚风蛋糕注意事项

维也纳式面糊是一种松软的制作戚风蛋糕的面糊。在我的基础烘焙食谱中（见第104/105页）曾提到：它含有油脂，搅拌的方法也有所不同。蓬松多孔的松软蛋糕胚为制作完美的蛋糕艺术品提供了理想舞台！

1 将鸡蛋打发成泡沫状，需要注意些什么？

三点：首先，打发鸡蛋的容器要冲洗干净，绝对不能有油。其次，鸡蛋不能是鸡新下的蛋，理想的情况应该是已存放2~3天的蛋——太新鲜的鸡蛋不易打发。第三，鸡蛋白砂糖混合物置于热水蒸锅中加温，搅拌面糊，直到鸡蛋糊的体积明显增大，呈现出漂亮的乳白色。最后我会试着将汤匙插入面糊后再抽出来，如果留下可见的划痕，说明具有了合适的稳定性。也可以这样来检验，将一根手指在蛋糕中蘸一下，这样会形成一个尖峰，如果可以短时间立住，说明打发得很好。

2 制作面糊过程中出现无法溶解的结块，是什么原因导致的？

这有可能是白砂糖或面粉结块。当白砂糖加入到蛋液中时，未经搅拌的混合物就会形成白砂糖结块。因此，重要的是操作要迅速。但是，面粉结块也是常有的事。如果一次性将所有面粉都过筛至鸡蛋白砂糖糊中，就会形成面粉结块，沉入盆底后就会结成一团。为了避免出现这种情况，可以将面粉逐渐过筛至蛋糊中，然后用指尖感觉，但要快速拌入其中。搅拌时，要将打蛋器或刮刀真正地接触到盆底——以使底部的面粉也能够拌进去，这样也不会再出现结块。

3 为什么必须将鸡蛋放入热水蒸锅中加热？

用于制作戚风蛋糕的鸡蛋白砂糖糊的最高温度应是35℃。置于热水蒸锅中，会使蛋糊受热均匀、缓慢。温度总是要控制好。假如您打发蛋白时直接将锅放到灶台上，就会出现这样的情况，即因为锅边过热而导致部分蛋清凝固。

4 为什么烘焙出的戚风蛋糕干硬而不松软？

戚风蛋糕面糊在拌入面粉后，就不应当再继续搅拌，否则面糊就会消泡——有气泡烤出的点心才会松软。最好使用树脂刮刀小心翼翼地将面粉快速拌入其中。通过这种方法，将所有配料混合到一起时，不会出现塌软的现象。维也纳式面糊与戚风蛋糕面糊不同的是含有油脂，同样，只要面粉和黄油混合加入到起泡面糊中，就不应该再进行搅拌。因为其中含有的油脂会使已打发好的蛋白霜消泡，从而塌陷。也不应该再将面糊放在原处，而要立即放进烤箱进行烘焙。重要的是——烤箱要事先预热好！

5 为什么烘焙出的戚风蛋糕在切分前要放入冰箱冷藏过夜？

用于制作蛋糕，通常将烘焙好的戚风蛋糕切分两次。若蛋糕胚冷藏过夜，其稳定性会更好，切分时就不会掉渣，也更容易切直。还有一个提示：我是将蛋糕胚倒扣过来，使其下面朝上放置冷却。这样，蛋糕的表面就会光滑漂亮。如果想快些做出蛋糕，也可以在蛋糕胚冷却后马上切分。但是，由于蛋糕还很软，所以应当只切分一次。

6 怎样将戚风蛋糕分成相同大小的切块？

最简单的方法是：用尖刀在蛋糕边缘划入约1/2厘米深的划痕，然后用刀沿着这个划痕一直切到蛋糕中间，旋转蛋糕切开另一端，这样整个蛋糕就被切开。接着用角板或蛋糕铲取出蛋糕。另外一个传统的方法是这样的：事先用刀将蛋糕四周划出1/2厘米深的划痕之后，用一根又长又结实的缝纫线准确对准蛋糕四周的划痕先划一下，再交叉划分蛋糕。我们的祖母、外祖母曾经都是这样做的——这个方法非常好用！

7 戚风蛋糕下面放置黄油鸡蛋酥松饼做成的蛋糕底座，会带来什么结果？

当然，您可以省略掉将黄油鸡蛋酥松饼作为蛋糕底座这一步骤。但它却是有好处的，比如蛋糕的填充馅料不会很快将蛋糕胚浸湿泡软。这样更容易将单块蛋糕铲到碟子里，因为底座使蛋糕更稳固。因此，我的烘焙作坊里制作的蛋糕都带有黄油鸡蛋酥松饼制成的松脆底座。我也会在上面涂抹融化的巧克力，这样不仅好吃，同时巧克力也阻止了多汁的蛋糕填充馅料将松脆的蛋糕底座泡软。

手指饼干配草莓
Löffelbiskuits mit Erdbeeren

这款松软的手指饼干制作起来很快,是享用咖啡和水果甜点时的奢侈搭配。

●●○○

约 20 块手指饼干 | 每块所含热量约 100 千卡
制作时间:20 分钟　烘焙时间:30 分钟

制作手指饼干所需配料	**草莓配料**	**其他**
鸡蛋　4 个(中等大小)	奶油　　250 克	用于撒在蛋糕上的白砂糖
白砂糖　　　90 克	草莓　　250 克	1 汤匙
精盐	白砂糖　1 茶匙	
有机柠檬皮碎　微量	香草籽　微量	
面粉　110 克(405 型号)		

1 制作手指饼干:烤箱预热至190℃。鸡蛋分离后,将蛋清用手持式搅拌器或厨房多功能料理机打发成蛋白霜,然后加入 70 克白砂糖和微量精盐继续搅拌,直到白砂糖溶解,形成黏稠的乳状蛋白霜。蛋黄与剩余部分的白砂糖和柠檬皮混合搅拌约 3 分钟,打发成轻泡沫状。

2 面粉过筛至盆中,将蛋白霜小心翼翼地用刮刀拌入蛋黄糊中,将最后三分之一的蛋白霜与面粉一起拌入其中。将调制好的面糊倒入 8 毫米漏嘴的裱花袋里。

3 用裱花袋将面糊挤到铺有烤箱纸的两个烤盘上,呈骨头形状(约 8 厘米长),上面撒上薄薄一层白砂糖。

4 将烤盘分别放入烤箱(中层),烘焙约 10~15 分钟至金黄色。从烤箱中取出烤盘,使手指饼干冷却。将手指饼干装入盒中保存待用。

5 草莓配料:奶油在冰箱中冷冻 10 分钟。在此期间将草莓洗净擦干,依据个人喜好切成两半。用手持式搅拌器或厨房多功能料理机将奶油打发至黏稠状,最后拌入白砂糖和香草籽。

6 将草莓与奶油及手指饼干摆入甜点盘中,即可享用。

温馨提示
海恩斯
韦伯

我会将手指饼干放置在烤盘上冷却,这样会使饼干更加松脆,同时也避免了这种松脆的点心从烤盘中取出时断裂破碎的可能。

松脆的手指饼干存放在盒中或罐中，可保质 4 个星期，是招
待客人以及搭配水果，或快速制作餐后甜点的必备点心。

提拉米苏
Tiramisu Torte

这款意大利经典甜点也可以变换花样做成圆形蛋糕。由于使用了炼乳和酸奶，制作出的蛋糕极其柔软且新鲜。

●●○○

1 个圆形蛋糕模具或蛋糕模具圈（直径 26 厘米，12 块）| 每块蛋糕所含热量约 440 千卡

制作时间：1 小时　醒发 / 冷却时间：5 小时　烘焙时间：30 分钟

黄油鸡蛋面团所需配料

软黄油　　　50 克
白砂糖　　25 克 | 精盐
蛋黄　1 个（中等大小）
面粉　75 克（405 型号）
泡打粉　　微量
有机柠檬皮碎　微量

制作蛋糕胚所需配料

鸡蛋　3 个（中等大小）
白砂糖　　　　90 克

面粉　　90 克（405 型号）
淀粉　　　30 克
液体黄油　　30 克

制作奶油混合物所需配料

食用凝胶　5 片（7.5 克）
马斯卡彭（意式）鲜奶酪　300 克
脱脂炼乳　　100 克
酸奶　50 克
糖粉　　110 克
意大利杏仁酒　少许
（依据个人喜好添加）
牛奶 50 毫升 | 奶油 250 克

浸渍用料

浓缩冷咖啡 75 克
（如：Espresso 浓缩咖啡）
意大利杏仁酒　30 毫升

其他

面粉
手指饼干　约 20 块（自制，见第 108 页，或使用成品）
黑巧克力 60 克（撒在蛋糕表面）
可可粉 2 汤匙（撒在蛋糕表面）

1 制作黄油鸡蛋面团：用上述配料制作面团（见第 16/17 页），然后用保鲜膜包好，放入冰箱冷藏 2 小时。

2 制作蛋糕胚：烤箱预热至 190℃，在圆形蛋糕模具底部铺上烤箱纸。用烘焙食谱中给出的配料按照第 104/105 页所述（不加水），制作蛋糕面糊。将面糊填充到模具中，放进烤箱（中层）烘焙约 20 分钟至金褐色。将烤好的蛋糕倒扣在烤箱纸上，放置冷却至少 2 小时。

3 烤箱预热至 180℃。在撒有面粉的制作台面上将黄油鸡蛋面团擀成直径为 26 厘米的圆形面皮（用圆形蛋糕模具边缘压制而成）。把面皮放到铺有烤箱纸的烤盘里，放入烤箱（中层）烘焙约 10~12 分钟至金黄色。从烤箱中取出后，放置使其冷却。

4 制作奶油混合物：将食用凝胶浸泡到冷水中，使其变软。将马斯卡彭鲜奶酪、脱脂炼乳、酸奶和糖粉混合到一起搅拌均匀。依据个人喜好加入少许意大利杏仁酒，以增加蛋糕的香味。牛奶加热，食用凝胶沥干水分后，放入热牛奶中搅拌使其溶解。将食用凝胶混合物拌入意式鲜奶酪糊中加以搅拌。用手持式搅拌器或厨房多功能料理机将奶油打发至黏稠状，分成两份或三份拌入意式鲜奶酪糊中。

5 浸渍：将温咖啡或冰咖啡与意大利杏仁酒混合搅拌，将二分之一量的手指饼干依次摆放到平盘中，用咖啡混合物将饼干滴湿。

6 巧克力砸成碎块，装入金属碗，放到热水蒸锅中使其融化。将已烤好的黄油鸡蛋酥松饼放到平盘上，涂抹上融化的巧克力。从蛋糕胚水平横切下三分之一（其他可用作糕饼碎屑）。余下的蛋

糕胚放到黄油鸡蛋酥松饼上，边缘套上蛋糕模具圈。剩余部分的手指饼干横向掰成两半，将饼干垂直放到蛋糕胚边缘上。

7 将二分之一的奶油混合物涂抹到蛋糕胚上，再把浸渍过的手指饼干摆到上面。剩余部分的奶油混合物放到上面抹平。做好的提拉米苏至少需在冰箱里冷藏 2~3 小时，使其入味。食用前，将可可粉用细筛子过滤，撒到蛋糕上，然后将提拉米苏切分成块即可。

柠檬奶油蛋糕卷
Biskuitroulade mit Zitronensahne

做好的蛋糕卷裂开了——这样的经历可以统统忘掉，制作这款柠檬奶油蛋糕卷保证您可以成功。

●●○○

1 烤盘或 1 个蛋糕卷（14 块）| 每块所含热量约 160 千卡

制作时间：50 分钟　冷却时间：2 小时　烘焙时间：10 分钟

制作蛋糕胚所需配料

鸡蛋　3 个（中等大小）

白砂糖　　90 克

精盐

蛋黄　1 个（中等大小）

有机柠檬皮碎　微量

面粉　40 克（405 型号）

淀粉　　30 克

食用油　2/ 1/2 汤匙 （如：葵花籽油或菜籽油，25 克）

制作蛋糕馅料所需配料

食用明胶　3 片（4.5 克）

奶油　250 克

蛋黄　2 个（中等大小）

白葡萄酒　　65 毫升

白砂糖　　65 克

柠檬皮碎　1/2 个有机柠檬

鲜榨柠檬汁　50 毫升

酸奶　　80 克

1 制作蛋糕胚：烤箱预热至 220℃。将蛋清和蛋黄分离，用手持式搅拌器或厨房多功能料理机将蛋清、70 克白砂糖和少许精盐打发成黏稠的乳状蛋白霜。将 4 个蛋黄与剩余的白砂糖及柠檬皮碎一起搅拌成乳状。

2 面粉与淀粉混合后，过筛至盆中。将蛋白霜用刮刀小心翼翼拌入蛋黄糊中，加入三分之一的面粉混合物，在所有配料混合之前拌入食用油。搅拌好的面糊倒入铺有烤箱纸的烤盘上并抹平（最好使用蛋糕转盘）。蛋糕胚放入预热好的烤箱里（中层），烘焙 8~10 分钟至金黄色，连同烤箱纸一起从烤盘中取出，放置约 20 分钟，使其冷却。

3 在此期间制作蛋糕馅料：将食用明胶在冷水中泡软，奶油放入冰箱冷冻层。蛋黄、葡萄酒、白砂糖和柠檬皮碎放入搅拌桶或金属盆中，用打蛋器搅拌并放置到热水蒸锅中，使蛋黄糊消散成玫瑰花形（见第 232 页），也就是说，加热到 85℃，通过搅拌使蛋黄糊变得稍微黏稠。

4 食用凝胶沥干水分，与柠檬汁一起拌入蛋黄糊

中，将奶油混合物用细筛过滤。拌入酸奶后，使其冷却（最好放入冷水盆中）。将冰冻奶油用手持式搅拌器或厨房多功能料理机搅打成黏稠的乳状，将四分之一的奶油用打蛋器拌进奶油蛋黄糊中，其余部分轻轻翻拌进去。

5 将蛋糕胚倒扣在擦碗巾上，抽出烤箱纸。将柠檬奶油涂抹到蛋糕胚上，四周留出 1 厘米宽的空白边缘。借助于擦碗巾将蛋糕胚卷起来，然后把蛋糕卷放入冰箱冷藏约 2 小时。

变换花样

您可以尝试一下用异国风味的芒果椰子夹馅制作蛋糕卷：将 2 片食用明胶（3 克）放入冷水中泡软。100 克椰奶与 30 克白砂糖和半根香草荚刮出的香草籽一起煮开。将 1 茶匙香草布丁粉与 1 个蛋黄搅拌后倒进煮开的椰奶中，食用明胶沥干水分后，放入其中溶解，拌入 80 克椰子泥（来自食品专卖店或网购），冷却后拌入 120 克打发好的奶油。取芒果 1 个，削皮后切成小方块，与椰子奶油混合物一起摊到蛋糕胚上，卷成蛋糕卷后，放进冰箱冷藏约 2 小时（见步骤 5）。

这款精美的古风蛋糕卷，不禁让人回忆起在奶奶家度过的舒适惬意的周日午后时光。此款蛋糕卷制作起来相对较快，的确会给人留下美好的印象。

乳酪蛋糕
Käsesahne torte

这是我的挚爱最喜欢的蛋糕。在周年纪念日、生日以及特殊节日里，我都会为她制作这款乳酪蛋糕。

●●○○

1 个圆形蛋糕模具或 1 个蛋糕模具圈（直径 26 厘米，12 块）| 每块蛋糕所含热量约 405 千卡
制作时间：1 小时　醒发 / 冷却时间：3 小时　烘焙时间：45 分钟

黄油鸡蛋面团所需配料
软黄油　　　50 克
白砂糖　25 克 | 精盐
蛋黄　　1 个（中等大小）
面粉　　75 克（405 型号）
泡打粉　　　微量
有机柠檬皮碎　　微量

制作蛋糕胚所需配料
鸡蛋　3 个（中等大小）
白砂糖　90 克 | 精盐

面粉 80 克（405 型号）
淀粉 30 克 | 黄油 30 克

奶油混合物所需配料
食用凝胶 7 片（10.5 克）
蛋黄　4 个（中等大小）
白葡萄酒　　　80 毫升
少许柠檬皮碎　1 个有机柠檬
白砂糖 120 克 | 酸奶油 100 克
脱脂炼乳 300 克 | 精盐
奶油　　　500 克

其他
倒扣蛋糕和撒蛋糕所需细砂糖
面粉
黑巧克力　60 克
（用于涂抹蛋糕）

1 制作黄油鸡蛋面团：使用上述配料制作出面团（见第 16/17 页），将其用保鲜膜包裹好，放入冰箱内冷藏至少 2 小时。

2 制作蛋糕胚：烤箱预热至 190℃，将圆形蛋糕模具底部铺上烤箱纸。按照食谱中第 104/105 页所述制作蛋糕面糊（不加水）。将面糊倒入蛋糕模具中，放进烤箱（中层）烘焙大约 20 分钟至金褐色。将蛋糕胚倒扣在撒有细砂糖的烤箱纸上，放置冷却至少 2 小时。

3 烤箱预热至 180℃。在撒有面粉的制作台面上将黄油鸡蛋面团擀成面皮，用圆形模具边缘或蛋糕模具圈压制出直径为 26 厘米的圆形，将其放到铺有烤箱纸的烤盘上，放入烤箱（中层）烘焙 10~12 分钟至金黄色。取出后，放在烤盘上冷却。

4 巧克力砸碎后，装入金属碗，置于热水蒸锅中使其融化。烤好的黄油鸡蛋酥松饼放到平盘中，涂抹上已融化的巧克力。蛋糕胚水平方向横切两半（见第 107 页），其中一半放到黄油鸡蛋酥松饼上，然后放上蛋糕模具圈。

5 制作奶油混合物：将食用凝胶放入冷水中泡软，蛋黄与葡萄酒、柠檬皮以及白砂糖放入金属盆，置于热水蒸锅中搅拌打发，使蛋黄糊消散成玫瑰花形（见第 232 页）。也就是说，加热到 85℃，通过搅拌使蛋黄糊变得稍微黏稠些。加入沥干水分的食用凝胶进行搅拌，再将奶油混合物用细筛过滤。

6 将酸奶油、炼乳和少许精盐拌入奶油混合物中，使其冷却。奶油打发成黏稠状后，拌入奶油混合物中，将其填充到蛋糕模具圈中。余下的另一半蛋糕胚放置到上面，将蛋糕放置冷却至少 2 小时。根据个人喜好，食用前还可以在蛋糕表面撒上些许细砂糖。

温馨提示
海恩斯·
韦伯

制作这款蛋糕，我最喜欢的是蛋糕三角装饰。将上层蛋糕胚切分成12块，交替撒上糖粉和可可粉。然后，用裱花袋在冷却的奶油混合物上等距离挤出12个奶油圆点。将蛋糕三角的尖端朝向中间放置，使其在表面排列开来。

黑森林樱桃蛋糕

从日本东京到美国旧金山的蛋糕发烧友们都沉迷于这款经典蛋糕。松软的巧克力蛋糕层、深色的巧克力碎屑以及散发着水果清香的酸樱桃与发泡奶油，将视觉与味觉完美地融合在一起。

黑森林樱桃蛋糕
Schwarzwälder Kirschtorte

●●○○

1 个圆形蛋糕模具或 1 个蛋糕模具圈（直径 26 厘米，12 块）| 每块蛋糕所含热量约 580 千卡
制作时间：1 小时 15 分钟　醒发 / 冷却时间：隔夜 +4 小时　烘焙时间：45 分钟

制作杏仁泥蛋糕胚所需配料
黄油 40 克 | 蛋黄 4 个（中等大小）
杏仁泥　　150 克
鸡蛋　　5 个（中等大小）
白砂糖　150 克 | 精盐
有机柠檬皮碎　　微量
面粉 110 克（405 型号）
淀粉　　　25 克
可可粉　1 汤匙（10 克）

黄油鸡蛋面团所需配料
软黄油　50 克
白砂糖　25 克 | 精盐

蛋黄 1 个（中等大小）
面粉 75 克（405 型号）
泡打粉　　微量
有机柠檬皮碎　微量

浸渍用料
白砂糖 35 克 | 樱桃烧酒 60 毫升

制作蛋糕馅料所需配料
食用凝胶 3 片（4.5 克）
奶油 400 克 | 香草荚 1/2 根
蛋黄　2 个（中等大小）
牛奶　2 汤匙（30 毫升）

白砂糖 50 克 | 樱桃烧酒 30 毫升
黑巧克力块　　30 克
酸樱桃　　　150 克
（樱桃罐头，净重）

蛋糕装饰所需配料
奶油　　　300 克
食用凝胶 2 片（3 克）
白砂糖　　1 汤匙
黑巧克力块　50 克
蜜饯樱桃　6 个

其他
面粉

1 烘焙前一天制作杏仁泥蛋糕胚：烤箱预热至 190℃，将圆形蛋糕模具底部铺上烤箱纸。融化黄油。用手持式搅拌器将蛋黄和杏仁泥混合搅拌，加入全蛋、白砂糖、微量精盐和柠檬皮，所有这些配料继续搅拌 10 ~ 12 分钟，打发成轻微泡沫状。将面粉、淀粉和可可粉混合，过筛后拌入鸡蛋糊中，最后倒入冷却后的黄油。将面糊填充到圆形蛋糕模具中，放入烤箱（中层）烘焙约 35 分钟。在烘焙的最后时间，用手指按压检查弹性，并用餐刀检验的方法（见第 75 页）检验一下蛋糕是否已经烤熟。将烤好的蛋糕倒扣在烤箱纸上，至少冷却放置 2 小时，最好隔夜。

2 烘焙当天制作黄油鸡蛋面团：使用上述配料制作出面团（见第 16/17 页），将其用保鲜膜包裹好，放置于冰箱内冷藏 2 小时。

3 烤箱预热至 180℃。在撒有面粉的制作台面上

将面团擀成面皮，用圆形蛋糕模具边缘压制出直径为 26 厘米的圆形，将其放到铺有烤箱纸的烤盘上，放进烤箱（中层）烘焙 10~12 分钟。

4 浸渍：100 毫升水中加入白砂糖煮开后，使其冷却，再加入樱桃烧酒进行搅拌。

5 制作蛋糕馅料：将食用凝胶放入冷水中泡软，奶油冷冻大约 15 分钟。香草荚纵向分成两半，刮出香草籽。蛋黄与香草籽、牛奶和白砂糖在金属盆中混合搅拌，将其放置到热水蒸锅中，使蛋黄糊消散成玫瑰花形（见第 232 页）。也就是说，加热到 85℃，通过搅拌使蛋黄糊稍微黏稠些。取出后，放入沥干水分的食用凝胶，使其溶解。倒入樱桃烧酒后，将其置于冷水盆中冷却。

6 巧克力块砸碎，放入金属碗中，再置于热水蒸锅中使其融化。用手持式搅拌器或厨房多功能料

理机将奶油打发成黏稠状，拌入鸡蛋奶油糊中。在三分之一的奶油糊中加入 20 克巧克力混合搅拌。

7 将蛋糕胚水平方向横切两次，形成 3 个底胚。剩余部分的巧克力涂抹到已烘焙好的黄油鸡蛋酥松饼上，将其中一个底胚放到上面。放上蛋糕模具圈，用三分之一的浸渍汁液将蛋糕胚滴湿，放上樱桃（罐头）后，在上面涂抹巧克力奶油。再将另外一个底胚放置到上面，同样用三分之一的浸渍汁液将其滴湿，涂抹上剩余部分的奶油糊。再把第三个蛋糕底胚覆盖到上面，洒上剩余的浸渍汁液。将蛋糕放入冰箱冷藏 2 小时，使其入味。

8 制作蛋糕装饰：奶油冷冻大约 15 分钟，食用凝胶放入冷水中泡软。将奶油打发成黏稠状后，加入白砂糖。用 1 汤匙水将沥干水分的食用凝胶加热，使其溶解，然后拌入奶油中。

9 去掉蛋糕模具圈，将蛋糕四周涂抹上奶油，边缘用带锯齿的刮刀"梳理"一下。剩余的奶油倒入带有星型漏嘴的裱花袋里，在蛋糕上沿着边缘挤出 12 朵玫瑰花装饰。用尖刀将巧克力块削成碎屑，撒到蛋糕上。将蜜饯樱桃分成两半，在每朵奶油玫瑰花装饰上点缀半颗樱桃。

巧克力慕斯蛋糕
Schokomousse Torte

您还在为选用纯牛奶巧克力还是黑巧克力而举棋不定吗？不必再为此犹豫不决，此款蛋糕将二者很好地融为了一体。

●●○○

1 个圆形蛋糕模具或蛋糕模具圈（直径 26 厘米，12 块）| 每块蛋糕所含热量约 450 千卡

制作时间：1 小时 30 分钟　醒发 / 冷却时间：5 小时　烘焙时间：45 分钟

黄油鸡蛋面团所需配料

软黄油　　50 克
白砂糖　25 克 | 精盐
蛋黄　　1 个（小号）
面粉　75 克（405 型号）
泡打粉　　　微量
有机柠檬皮碎　微量

涂抹蛋糕用料

黑巧克力块　　60 克

杏仁泥蛋糕胚用料

黄油　　20 克
杏仁泥　75 克
蛋黄　　2 个（小号）
鸡蛋　　3 个（小号）
白砂糖　75 克 | 精盐
有机柠檬皮碎　微量
面粉　　55 克（405 型号）
淀粉　1 满汤匙（15 克）
可可粉　1 茶匙（5 克）

制作巧克力慕斯所需配料

食用凝胶 2 片（3 克）| 蛋黄 4 个
白砂糖 45 克 | 牛奶 120 毫升
黑巧克力块　　　120 克
纯牛奶巧克力块　120 克
奶油　　　320 克

其他

面粉
可可粉　　　　25 克
糖粉　　　　　25 克

1 制作黄油鸡蛋面团：用上述配料制作面团（见第 16/17 页），然后用保鲜膜包好，放入冰箱内冷藏至少 2 小时。

2 在此期间制作杏仁泥蛋糕胚：烤箱预热至 190℃，在圆形蛋糕模具底部铺上烤箱纸，融化黄油。用手持式搅拌器或厨房多功能料理机将杏仁泥和蛋黄混合搅拌，加入鸡蛋、白砂糖、少许盐和柠檬皮，将所有这些配料搅拌 10~12 分钟至轻泡沫状。

3 把面粉、淀粉和可可粉混合后过筛至鸡蛋糊中进行搅拌，同时加入冷却的黄油。搅拌好的面糊填充到模具中，放进烤箱（中层）烘焙约 35 分钟。在烘焙的最后时间，用手指按压检查弹性，并用餐刀检验的方法（见第 75 页）检验一下蛋糕胚是否已经烤熟。将烤好的蛋糕胚倒扣在烤箱纸上，至少冷却放置 2 小时。

4 烤箱预热至 180℃。在撒有面粉的制作台面上将黄油鸡蛋面团擀成直径为 26 厘米的圆形面皮（用圆形蛋糕模具边缘压制而成）。把面皮放到铺有烤箱纸的烤盘上，放入烤箱（中层）烘焙约 10~12 分钟。从烤箱取出后，放置冷却。

5 涂抹：巧克力砸碎后装入金属碗中，再置于热水蒸锅中使其融化。将蛋糕胚水平方向横切两次，形成 3 个蛋糕底胚（见第 107 页）。将融化好的巧克力涂抹到已烘焙好的黄油鸡蛋酥松饼上，将其中一个蛋糕底胚放到上面并放上蛋糕模具圈。

6 制作巧克力慕斯：将食用凝胶放入冷水中浸泡，使其变软。蛋黄、白砂糖和牛奶放入金属盆中，用打蛋器进行搅拌，将其放置到热水蒸锅中，使蛋黄糊消散成玫瑰花形（见第 232 页）。也就是说，将其加热到 85℃。取出后，在蛋黄糊中加入沥干水分的食用凝胶进行搅拌。

7 将纯牛奶巧克力和黑巧克力分开砸碎，分别放

入金属碗中，再置于热水蒸锅中使其融化。将一半的鸡蛋奶油与浅色巧克力混合，另一半与深色巧克力混合。将奶油打发成黏稠状，平分成两份，分别加入两种巧克力糊中。

8 将深色慕斯涂抹到蛋糕胚上，剩下的蛋糕底胚放到上面，再将浅色慕斯涂抹上去。将蛋糕放入冰箱冷藏至少3小时，使其入味。取下蛋糕模具圈，将可可粉和糖粉混合后，用细筛子过筛，撒到巧克力慕斯蛋糕上。

法兰克福花环蛋糕
Frankfurter Kranz

这款超大的经典蛋糕具有一种现代风格。蛋糕中的香草黄油奶油只是薄薄的涂层。

●●○○

1 个法兰克福花环蛋糕模具（直径 28 厘米，2.5 升容量，16 块）| 每块蛋糕所含热量约 345 千卡

制作时间：1 小时　醒发/冷却时间：隔夜　烘焙时间：30 分钟

制作蛋糕胚所需配料

黄油	75 克
鸡蛋	7 个（中等大小）
白砂糖	225 克
面粉	225 克（405 型号）
淀粉	75 克

浸渍用料

白砂糖 35 克 | 樱桃烧酒 30 毫升

黄油奶油混合物所需配料

香草荚	1 根
牛奶	280 毫升
香草布丁粉	30 克
白砂糖	50 克
软黄油	130 克

蛋糕装饰所需配料

花生糖	约 100 克（成品）
樱桃	8 颗

其他

涂抹模具的黄油、面粉
小红莓果酱　150 克

1 烘焙前一天制作蛋糕胚：烤箱预热至 190℃，在蛋糕模具内涂抹上黄油并撒上面粉。黄油放入锅中融化。将鸡蛋、白砂糖和 30 毫升水放入金属盆中，置于热水蒸锅中，用打蛋器进行搅拌，加温至 35℃（微温）。从热水蒸锅中取出金属盆，将蛋糊用手持式搅拌器或厨房多功能料理机打发 10~12 分钟至轻微泡沫状。

2 面粉与淀粉混合后，过筛后至蛋糊中并进行搅拌，最后倒入冷却后的黄油。将面糊填充到蛋糕模具中，放入烤箱（中层）烘焙约 30 分钟。在烘焙的最后时间，用手指按压检查弹性，并用餐刀检验的方法（见第 75 页）检验一下蛋糕胚是否已经烤熟。将烤好的蛋糕胚倒扣在冷却网架上，使其凉透。用保鲜膜包好，隔夜放置或至少静置 2 小时。

3 制作当天浸渍：将白砂糖放入 110 毫升水中煮开，使其冷却。然后加入樱桃烧酒搅拌。

4 制作黄油奶油混合物：将香草荚纵向一分为二，刮出香草籽。4 汤匙牛奶与布丁粉搅拌均匀。剩余牛奶与香草籽、白砂糖和 1 汤匙黄油一起煮开。

将搅拌好的布丁粉加入到正在煮的牛奶中，继续搅拌并煮开。香草奶油混合物倒入碗中搅拌，随后放入冷水盆中，使其冷却。

5 剩余部分的黄油用手持式搅拌器或厨房多功能料理机搅拌约 5 分钟至乳状，将其徐徐拌入香草奶油混合物中。

6 将蛋糕胚水平方向横切两次，形成 3 个蛋糕胚。下面的蛋糕胚上洒上三分之一的浸渍汁液，涂上三分之一的黄油奶油混合物。用一个小平盘将一半的果酱摊到黄油奶油混合物上，将第二个蛋糕胚放到上面，洒上三分之一的浸渍汁液，涂上三分之一的黄油奶油混合物，将剩余的果酱摊到上面，再把最后一个蛋糕胚放上去，洒上剩余的浸渍汁液。将蛋糕涂上薄薄的一层黄油奶油混合物，用一长条烤箱纸或羊皮纸在蛋糕表面拉紧，以去除多余的奶油，使蛋糕表层平整。

7 制作蛋糕装饰：在蛋糕四周撒上花生糖，剩余部分的黄油奶油混合物装入 10 毫米星型漏嘴的裱花袋中，在拱顶上挤出 16 个圆点。将樱桃切成两半，每个奶油圆点上点缀半颗樱桃。

摄政王蛋糕
Prinzregenten Torte

这是一款用于特殊场合的皇家糕点。曼妙的六层海绵蛋糕中夹着巧克力奶油糖霜，位于第七层的巧克力乳则"高耸云天"。

●●○○

1 个蛋糕模具圈（直径 26 厘米，12 块）| 每块蛋糕所含热量约 485 千卡

制作时间：1 小时 20 分钟　醒发 / 冷却时间：隔夜 +1 小时　烘焙时间：50 分钟

杏仁泥蛋糕胚所需配料

研磨榛子粉	50 克
黑巧克力块	50 克
鸡蛋	8 个（中等大小）
杏仁泥	60 克
白砂糖	175 克
精盐	175 克
面粉	160 克（405 型号）
花生糖	50 克（成品）

黄油奶油混合物所需配料

香草荚	1 根
牛奶	280 毫升
黄油	1 汤匙
白砂糖	50 克
香草布丁粉	30 克
软黄油	120 克
可可粉	2 汤匙（20 克）

浸渍用料

白砂糖 60 克 | 朗姆酒 30 毫升

浸渍用料

奶油 60 克 | 黑巧克力 120 克

其他

黑巧克力块　30 克

---

1 烘焙前一天制作杏仁泥海绵蛋糕胚：烤箱预热至 230℃，在 6 张烤箱纸上借助于圆形蛋糕模具边缘或蛋糕模具圈分别标记出直径为 26 厘米的圆形划痕。榛子粉在平底锅中炒至散发出香味。巧克力砸成碎块，蛋清蛋黄分离。将蛋黄、杏仁泥和 50 克白砂糖用手动搅拌器或厨房多功能料理机搅拌成乳状。蛋清、剩余部分的砂糖和微量精盐搅打成硬性乳状蛋白霜。巧克力、榛子粉、面粉和花生糖混合到一起，先将蛋白霜拌入蛋黄糊中，再将面粉榛子粉混合物拌进去。

2 将其中一个已做圆形标记的烤箱纸托朝下放到烤盘上，将六分之一的面糊涂抹到事先标记好的圆圈上，放入烤箱（中层）烘焙约 8 分钟至金黄色。从烤盘中抽出烤箱纸，然后用同样的方法依次烘焙其余的五个蛋糕胚。

3 制作黄油奶油混合物：将香草荚纵向一分为二，刮出香草籽。1/4 升牛奶、黄油、白砂糖、香草籽和香草荚混合后煮开，取出香草荚。剩余牛奶与布丁粉搅拌均匀。将混合物加入香草牛奶中搅拌，并煮开几次。将煮好的香草奶油倒入碗中，立即用保鲜膜覆盖住（防止表面结皮），然后放入冷水盆中，使其冷却。

4 浸渍用料：100 毫升水与白砂糖一起煮开后，使其冷却，再加入朗姆酒进行搅拌。

5 将黄油用手动搅拌器或厨房多功能料理机搅拌约 5 分钟成乳状，徐徐加入香草奶油以及可可粉继续搅拌，直到黄油奶油混合物变得非常均匀。把三分之一的黄油奶油混合物盖住，放入冰箱冷藏。

6 黑巧克力块砸碎，放入金属碗，置于热水蒸锅中使其融化。然后涂抹到海绵蛋糕胚上，使其凝固。将蛋糕胚带有巧克力这面朝下放到平盘上，边缘放上蛋糕模具圈。在蛋糕胚上轻轻洒上浸渍汁液，涂抹上五分之一的黄油奶油混合物，放上下一个蛋糕胚；用相同的办法浸渍、涂抹黄油奶油混合物，这样继续下去，直到所有的海绵蛋糕胚被用光。将模具圈里的蛋糕倒扣到烤箱纸上，放入冰箱冷藏过夜，使其入味。

7 第二天制作甘纳许巧克力奶油（见第229页）：奶油煮开，黑巧克力块砸碎后放入奶油中溶解。将甘纳许巧克力奶油冷却至30℃（微温）。去掉蛋糕模具圈。黄油奶油混合物搅拌成乳状，涂抹到蛋糕四周。把甘纳许巧克力奶油浇注到蛋糕上，用抹刀将蛋糕表面和边缘涂抹好，放入冰箱冷藏约1小时。

此款海绵蛋糕胚不仅仅是起到支撑作用的配角，它其实发挥了主角的作用。逐个烤出来的超薄蛋糕胚赋予了此款蛋糕好看的颜色和一股淡淡的焦糖香味。

杜松子酒青柠蛋糕

享受另一种方式的鸡尾酒时光：来一块蛋糕和一杯咖啡怎么样？
杜松子酒的浓郁香味和柠檬的清新 —— 此款奶油千层蛋糕给你
带来意想不到的惊喜，是咖啡桌上的畅销甜品。

杜松子酒青柠蛋糕
Gin Lemon Torte

●●○○

1 个圆形蛋糕模具或 1 个蛋糕模具圈（直径 26 厘米，12 块）| 每块蛋糕所含热量约 390 千卡

制作时间：1 小时 25 分钟　醒发 / 冷却时间：2 晚 +1 小时　烘焙时间：35 分钟

蛋糕胚所需配料

黄油	60 克
鸡蛋	6 个（中等大小）
白砂糖	180 克
面粉（405 型号）	180 克
淀粉	60 克

黄油奶油混合物所需配料

香草荚	1 根
黄油	1 汤匙

牛奶 1/4 升	白砂糖 50 克
香草布丁粉	25 克
软黄油	100 克
青柠果汁和皮碎	1 个有机青柠
杜松子酒	20~30 毫升

浸渍用料

白砂糖 50 克

青柠汁 50 毫升 | 杜松子酒约 20 毫升

巧克力奶油所需配料

奶油	50 克
白巧克力块	50 克
透明蛋糕浇注料	1 包
白砂糖	2 汤匙

蛋糕装饰所需配料

青柠皮碎 1 个有机青柠

1 烘焙前一天制作海绵蛋糕胚：烤箱预热至 190℃，在圆形蛋糕模具底部铺上烤箱纸，黄油放入锅中融化。

2 将鸡蛋、白砂糖和 25 毫升水倒入金属盆里，再放入热水蒸锅中，通过搅拌使其升温至 35℃（微温）。从热水蒸锅中取出后，用手动搅拌器打发 10~12 分钟，使其轻微起泡。

3 面粉与淀粉混合后，过筛至蛋糊中并进行搅拌，最后倒入冷却后的黄油。将蛋糕糊倒入模具中，放入烤箱（中层）烘焙 35 分钟至金褐色。在烘焙的最后时间，用手指按压检查弹性和餐刀检验的方法（见第 75 页），检验一下蛋糕是否已经烤熟。将烤好的蛋糕胚倒扣在烤箱纸上，至少冷却放置 2 小时，最好隔夜。

4 制作黄油奶油混合物：将香草荚纵向一分为二，刮出香草籽。在小锅中将黄油融化，加入 200 毫升牛奶、白砂糖、香草籽和香草荚一起煮开，然后取出香草荚。布丁粉与剩余牛奶搅拌均匀。将混合物拌入香草牛奶中，煮开几次后，将其倒入

碗中，用一大张保鲜膜直接盖住表面（防止形成结皮），然后放到冷水盆中使其冷却。

5 浸渍用料：150 毫升水与白砂糖一起煮开后，使其冷却。将青柠汁和杜松子酒混合在一起。

6 将黄油用手动搅拌器或厨房多功能料理机搅拌约 5 分钟成乳状，徐徐拌入香草奶油中。继续搅拌约 2~3 分钟，直到黄油奶油混合物变得非常均匀。青柠汁和青柠皮碎与杜松子酒一起搅拌，加入到黄油奶油混合物中。将用于制作蛋糕涂层的三分之一黄油奶油混合物盖住，放入冰箱冷藏。

7 将海绵蛋糕胚水平方向横切三次，形成四个底胚（见第 107 页）。将下面的蛋糕底胚用四分之一的浸渍汁液滴湿，涂抹上三分之一剩余部分的杜松子酒青柠奶油混合物。边缘放上蛋糕模具圈，将第二个海绵蛋糕胚置于其上，再用四分之一的浸渍汁液将其滴湿后，涂抹上三分之一的杜松子酒青柠奶油混合物。接着把第三个海绵蛋糕胚放到上面，再重复一次上面的过程。用最后一个海绵蛋糕胚来封闭，上面表层滴上余下的浸渍汁液。

将蛋糕倒扣在烤箱纸上，用保鲜膜覆盖后，放入冰箱冷藏过夜，使其入味。

8 第二天将存放的杜松子酒青柠奶油混合物用打蛋器搅拌成乳状。蛋糕放到托盘上，去除蛋糕模具圈。将蛋糕四周涂抹上杜松子酒青柠奶油。

9 制作甘纳许巧克力奶油（见第 229 页）：将奶油煮开，巧克力块砸碎，放入奶油中，间或搅拌使其溶解。蛋糕浇注料和白砂糖放入锅中，加入1/4 升水不断搅拌，使其煮沸。将 2 汤匙蛋糕浇注料（约 50 克）与甘纳许奶油巧克力混合物混合搅拌在一起。将甘纳许巧克力奶油冷却到大约30℃（微温），仍应当保持液体状态，但不要再热了，温度不宜再高了。

10 将甘纳许巧克力奶油浇注到蛋糕上，用抹刀将蛋糕表面及四周均匀抹平。当巧克力奶油开始凝固时，用抹刀压出些小凹痕（尤其漂亮的是成行排列的"凹点"）。在蛋糕表面撒上青柠皮碎，放入冰箱冷藏约 1 小时，使其入味。用刀或者蛋糕铲将蛋糕标记出块状切痕。

百香果蛋糕

即使您还没有做过此款蛋糕，单单这款不寻常的、具有淡淡水果香味的蛋糕本身，就足以令人信服。毫无疑问，原因就在于它那略带酸味的异国风味特色！

百香果蛋糕
Passionsfrucht Torte

●●●○

1 个圆形蛋糕模具或 1 个圆形蛋糕模具圈（直径 26 厘米，12 块）| 每块蛋糕所含热量约 540 千卡

制作时间：2 小时 10 分钟　醒发 / 冷却时间：隔夜 +7 小时　烘焙时间：45 分钟

制作蛋糕胚所需配料

黄油	40 克
蛋黄	4 个（中等大小）
杏仁泥	120 克
鸡蛋	4 个（中等大小）
白砂糖	50 克 | 精盐
有机柠檬皮碎	微量
面粉	110 克（405 型号）
淀粉	25 克

制作黄油鸡蛋面团所需配料

软黄油 100 克 | 白砂糖 50 克	
精盐 | 蛋黄 1 个（中等大小）	
面粉	150 克（405 型号）
泡打粉	1/2 茶匙（3 克）
有机柠檬皮碎	1/4 茶匙

制作蛋糕馅料所需配料

食用明胶	10 片 (15 克)
蛋黄	2 个（中等大小）
鸡蛋	2 个（中等大小）
白砂糖	190 克
百香果果胶冻	300 克（网购）
奶油	450 克

蛋糕水果层所需配料

食用明胶	1 片 (1.5 克)
白砂糖	1 满汤匙
百香果果胶冻	40 克（网购）

制作蛋糕装饰所需配料

奶油	80 克

其他

黑巧克力块	25 克
百香果果胶冻	30 克（网购）
制作用的面粉	

1 烘焙前一天制作杏仁泥海绵蛋糕胚：烤箱预热至 190℃，将圆形蛋糕模具底部铺上烤箱纸。融化黄油。用手动搅拌器将蛋黄和杏仁泥混合搅拌，加入鸡蛋、白砂糖、微量精盐和柠檬皮，所有这些配料继续搅拌 10~12 分钟，打发成轻微泡沫状。

2 面粉与淀粉混合，过筛至盆中，拌入鸡蛋糊，最后倒入冷却后的黄油。将面糊填充到圆形蛋糕模具中，放入烤箱（中层）烘焙约 35 分钟。在烘焙的最后时间，用手指按压检查弹性和餐刀检验的方法（见第 75 页），检验一下蛋糕是否已经烤熟。将烤好的海绵蛋糕倒扣在烤箱纸上，隔夜放置，至少冷却 2 小时。

3 烘焙当天制作黄油鸡蛋面团：使用上述配料制作出面团（见第 16/17 页），将其用保鲜膜包裹好，放置于冰箱内冷藏 2 小时。

4 烤箱预热至 180℃。在撒有面粉的制作台面上，将面团擀成面皮，用圆形蛋糕模具边缘压制出直径为 26 厘米的圆形，将其放到铺有烤箱纸的烤盘上，放进烤箱（中层）烘焙 10~12 分钟至金黄色。从烤箱中取出烤好的黄油鸡蛋酥松饼，在烤盘上放置冷却。

5 在此期间将巧克力砸成碎块，装入金属碗，置于热水蒸锅中使其融化。海绵蛋糕胚水平方向横切两次，形成三个蛋糕底胚（见第 107 页）。将黄油鸡蛋酥松饼放到一个托盘上，涂抹上巧克力酱，把其中一个蛋糕底胚放到上面，然后放上蛋糕模具圈。

6 制作蛋糕馅料：将食用明胶放入冷水中泡软，蛋黄、鸡蛋和白砂糖放入搅拌桶或金属盆中，用打蛋器进行搅拌并放置到热水蒸锅中，使蛋黄糊消散成玫瑰花形（见第 232 页）。也就是说，加

热到85℃，通过搅拌使蛋黄糊变得稍微黏稠些。然后用细筛过滤，使用手动搅拌器或厨房多功能料理机搅拌足够长的时间，直到面糊冷却。

7 沥干水分的食用明胶与1汤匙水一起加热，直到食用明胶溶解，倒入百香果果胶冻进行搅拌。奶油打发成半硬性，用打蛋器将其移到蛋糊中，最后加入百香果果胶冻并用力搅拌。

8 将三分之一的百香果慕斯浇注到蛋糕模具圈中的海绵蛋糕胚上，把另外一个蛋糕胚放置到上面，滴上15克百香果果胶冻。上面再摊上另外三分之一的百香果慕斯，将最后一个海绵蛋糕胚覆盖到上面，滴上剩余部分的百香果果胶冻并将余下的百香果慕斯涂抹到上面。蛋糕放置冷却至少3小时。

9 制作蛋糕水果层：食用明胶放入冷水中泡软，白砂糖与1~2汤匙水和百香果果胶冻一起加热，直到白砂糖溶解。将锅从灶台移开，加入沥干水分的食用明胶，使其溶解。混合物放置冷却至微温状态，然后小心翼翼地浇注到蛋糕上，继续冷却2小时。

10 食用前制作蛋糕装饰：用手动搅拌器将奶油打发成硬性奶油，装入星型裱花嘴的裱花袋中。取下蛋糕模具圈，在蛋糕上挤出12个奶油圆点，以此标记出蛋糕块，以便切分。

树莓奶油蛋糕
Himbeersahne Torte

若有树莓奶油，我们就会知道此时正值夏季！这款新鲜的蛋糕稍加冷藏，口味最佳。

●●●●○

1 个圆形蛋糕模具（直径 26 厘米，12 块）| 每块所含热量约 375 千卡

制作时间：1 小时 15 分钟　醒发 / 冷却时间：隔夜 +2 小时 30 分钟　烘焙时间：30 分钟

制作杏仁泥蛋糕胚所需配料

黄油　　　20 克
蛋黄　　　2 个（中等大小）
杏仁泥　　75 克
鸡蛋　　　3 个（中等大小）
白砂糖 75 克 | 精盐
有机柠檬皮碎　　1/4 茶匙
面粉　　　55 克（405 型号）
淀粉　　　1 满汤匙（15 克）
可可粉　　1 茶匙（5 克）

制作黄油鸡蛋面团所需配料

软黄油 50 克 | 白砂糖 25 克
精盐 | 蛋黄　1 个（中等大小）
面粉　　　75 克（405 型号）
泡打粉　　　　　微量
有机柠檬皮碎　　　微量

制作蛋糕馅料所需配料

食用明胶　　5 片 (7.5 克)
树莓　　150 克（新鲜或冷冻）
白砂糖　　　　　60 克

柠檬汁　　　1~2 茶匙
蛋清　　　2 个（中等大小）
糖粉　　　30 克 | 奶油 450 克

蛋糕水果层所需配料

食用明胶　　2 片 (3 克)
树莓 80 克（新鲜或冷冻）
白砂糖　　　1 满汤匙

其他

黑巧克力块　　　50 克
面粉

1 烘焙前一天制作蛋糕胚：烤箱预热至 190℃，在圆形蛋糕模具底部铺上烤箱纸，将黄油融化。用手动搅拌器将蛋黄和杏仁泥进行搅拌，然后加入鸡蛋、白砂糖、少许精盐和柠檬皮碎，继续打发 10~12 分钟至轻微泡沫状。面粉与淀粉和可可粉混合后过筛，拌入鸡蛋糊中，最后倒入冷却后的黄油。

2 将面糊填充到模具中，放入烤箱（中层）烘焙约 20 分钟至金褐色。在烘焙时间的最后，用按压检查弹性和餐刀检验的方法（见第 75 页），来检验蛋糕是否已经烤熟。将烤好的海绵蛋糕胚倒扣在烤箱纸上，隔夜至少放置 2 小时。

3 烘焙当天制作黄油鸡蛋面团：使用上述配料制作面团（见第 16/17 页），将面团用保鲜膜包裹好，放入冰箱冷藏 2 小时。

4 烤箱预热至 180℃，在撒有面粉的制作台面上

将黄油鸡蛋面团擀成面皮，用圆形蛋糕模具边缘压制出直径为 26 厘米的圆形面皮，将其放到铺有烤箱纸的烤盘上，放入烤箱（中层）烘焙 10~12 分钟至金黄色。取出后，放置在烤盘上冷却。

5 将巧克力块砸碎，装入金属碗后，放置到热水蒸锅中使其融化。蛋糕胚水平方向切开（见第 107 页）。把烤好的黄油鸡蛋酥松饼涂抹上巧克力，将下面的蛋糕胚放到酥松饼上面，放上蛋糕模具圈。

6 制作蛋糕馅料：食用明胶放入凉水中泡软，树莓（解冻后的）与糖粉和柠檬汁混合，用手动搅拌器将蛋清与糖粉打发成蛋白霜。沥干水分的食用明胶与 1 茶匙水一起加热，溶解后拌入树莓中。将树莓倒入蛋白霜中，奶油打发成半硬性，加入到草莓糊中。

7 将树莓慕斯涂抹到海绵蛋糕胚上，第二个蛋糕胚置于其上。做好的蛋糕放入冰箱冷藏约 2 小时，

使其入味。

8 制作蛋糕水果层：食用明胶放入凉水中泡软。将树莓与白砂糖一起加热，沥干水分的食用明胶拌入其中，使其溶解。稍微冷却后的混合物浇注到蛋糕上，均匀摊平，并使其凝固大约30分钟。从蛋糕上取下模具圈，将蛋糕切成块状，即可享用。

果馅酥皮卷面团
烫面面团
酥皮面团

别担心，用这些特殊面团制作薄如蝉翼、松软酥脆的甜点并不复杂，制作过程分步骤操作非常简单。

分步指导:
果馅酥皮卷面团
基础烘焙食谱

这种面团制作起来超级简单,难的是在此之后的操作。只需花些时间和精力,您很快便可制作出这款标准的超薄果馅酥皮卷。

●○○○

300 克果馅酥皮卷面团,即 2 个果馅酥皮卷(每个长度为 30 厘米)。

制作果馅酥皮卷面团所需配料		
面粉　250 克（550 型号）	鸡蛋	1 个（中等大小）	其他
食用油（葵花籽油或菜籽油）	精盐	微量（2 克）	面粉
2.5 汤匙 (25 克)	冰水	125 毫升	涂抹用的液体黄油　50 克

1 用于制作果馅酥皮卷面团的所有配料准备就绪——鸡蛋和水应当是凉的。最好提前在水中放几块冰块,这样就可以保证在揉面时面团温度不会过高。

3 接着,再调到较高档继续搅拌 4~5 分钟,直至面团非常光滑。

2 用手动搅拌器或厨房多功能料理机的低档功能将上述配料搅拌 10 分钟。

5 第二天，在撒有面粉的制作台面上，用擀面杖分别将两块长条面团擀成非常薄的长方形。当无法再继续变大时，则稍停下 3~4 分钟，然后继续擀。

4 面团一分为二（每块 150 克），在制作台面上揉成长条形状。用保鲜膜将两条面裹起来，放置至少两小时，最好隔夜冷藏。果馅酥皮卷面团也可以冷冻存放，大约可保存 3 个月。

6 将擀好的薄面皮放到一块较大的擦碗巾上，悬挂在制作台面的边缘，使面皮拉长，变得更薄。然后，再将另外一边以同样的方法拉长，直到形成一个约 40x35 厘米的长方形。

8 在面皮上均匀地放上或涂抹上馅料，与此同时在长边处留出约 2 厘米宽的空白处。借助于擦碗巾，从窄边卷起，操作时注意里面的馅料不要冒出来。

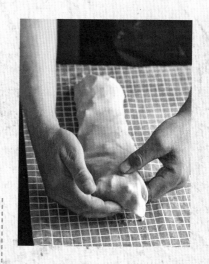

7 在抻得薄如蝉翼的面皮上涂抹液体黄油，以使其保持柔软。如果面皮的边缘比较厚，可以直接剪掉。

9 将末端开口处包起来卷入馅料卷并压住，以使里面的馅料不流出来。按照同样的方法制作第二个馅料卷。借助于擦碗巾，将两个馅料卷依次放到铺有烤箱纸的烤盘上，涂抹上黄油。放入预热至 200℃的烤箱（中层），烘焙约 45 分钟至金褐色。

奶油酥皮卷
Quark strudel

如果您能注意不让擀出的面皮出现漏洞、在卷起时不让馅料从侧面淌出来，就可以保证成功制作出奶油酥皮卷。

●●○○

2 个奶油酥皮卷（每个长度为 30 厘米，每个切分 12 块）| 每块所含热量约 130 千卡

制作时间：45 分钟　醒发 / 冷却时间：隔夜　烘焙时间：40 分钟

制作酥皮卷面团所需配料	制作馅料所需配料	其他
面粉　250 克（550 型号）	黄油　50 克	蛋黄　2 个（中等大小）
食用油（葵花籽油或菜籽油）2.5 汤匙（25 克）	面粉　25 克（405 型号）	用于涂抹的液体黄油 50 克
鸡蛋　1 个（中等大小）	白砂糖　　25 克	用于撒在奶油酥皮卷上的糖粉面粉
精盐　微量（2 克）	脱脂炼乳　　250 克	
冰水　125 毫升	柠檬皮　1/4 个有机柠檬	
	奶油　　65 克	
	蛋清　4 个（中等大小）	
	香草糖 1 茶匙	精盐	

1 烘焙前一天制作酥皮卷面团：用上述配料制作出面团（见第 140 页）。将面团一分为二，用保鲜膜包住，至少放置 2 小时，最好隔夜冷藏。

2 烘焙当天制作馅料：将黄油融化，面粉与白砂糖在搅拌盆中混合，加入脱脂炼乳、柠檬皮、奶油和黄油，将所有这些配料搅拌成均匀的糊状。蛋清、香草糖和微量精盐打发成硬性蛋白，用刮刀将其小心翼翼地拌入奶油糊中。

3 烤箱预热至200℃。在撒有面粉的制作台面上，将其中一块奶油酥皮卷面团擀成尽可能薄的面皮，放到较大的擦碗巾上，将面皮捯拉成薄如蝉翼的 40x35 厘米的长方形（见第 141 页）。将四周约 2 厘米的边缘涂抹上搅拌好的蛋黄，二分之一的奶油糊均匀摊到面皮上，涂抹蛋黄的边缘部分保留空白。

4 借助于擦碗巾将面皮从窄边卷起，末端向下折进去。做好的奶油酥皮卷放到铺有烤箱纸的烤盘上，用液体黄油涂上薄薄的一层。用同样的方法制作第二个奶油酥皮卷，将其放到烤盘上并涂上液体黄油。

5 将奶油酥皮卷放入烤箱(中层)，烘焙约20分钟。然后重新涂抹上液体黄油，继续烘焙20分钟，烤至相对较浅的颜色（如果奶油酥皮卷烤至金褐色，那么里面通常已经变得较干）。

6 奶油酥皮卷放在烤盘上稍微冷却，撒上糖粉。根据个人喜好，微热的奶油酥皮卷配香草冰淇淋或冷却后的奶油酥皮卷配热树莓酱，即可享用。

变换花样

夏季时您可以尝试一下用新鲜的樱桃杏仁馅料来制作果馅酥皮卷：将100克软黄油和60克白砂糖用手动搅拌器搅拌成乳状，然后将1个蛋黄（中等大小的鸡蛋）和20克香草布丁粉拌入其中。将250克脱脂炼乳、125克酸奶油和100克研磨去皮杏仁粉混合搅拌进去。将2个蛋清与20克白砂糖和微量精盐打发成硬性蛋白，将其拌入奶油糊中。300克酸樱桃洗净、去核，以同样的方法将樱桃拌入奶油糊中。将做好的馅料摊到拉长的面皮上，如上面所述，做好樱桃酥皮卷后进行烘焙。

经典酥皮卷系列
KLASSIKER STRUDEL PARADE

尤其是在秋季，当苹果成熟时，果馅酥皮卷就成为了畅销品。在这个季节，人们有时竟完全忘记了还有其他的水果。您可以尝试一下，用酸樱桃罐头来制作多汁的樱桃酥皮卷。

苹果酥皮卷

2 个苹果酥皮卷（每个长度为 30 厘米，每个切分 10 块）| 每块所含热量约 120 千卡

制作时间：40 分钟　醒发 / 冷却时间：隔夜　烘焙时间：40 分钟

制作酥皮卷面团所需配料	制作馅料所需配料	其他
面粉　250 克（550 型号）	酸苹果　　600 克	面粉
食用油 2 汤匙（25 毫升）	葡萄干　　30 克	用于涂抹的液体黄油 50 克
鸡蛋　1 个（中等大小）	液体黄油　　50 克	
精盐　微量（2 克）	饼干屑或发面面包屑（可用面包屑与 1~2 汤匙白砂糖混合物	
冰水　125 毫升	代替）　50 克	

1 烘焙前一天制作酥皮卷面团：用上述配料制作出面团（见第 140 页）。将面团一分为二，用保鲜膜包住，至少放置 2 小时，最好隔夜冷藏。

2 烘焙当天制作馅料：将苹果平分成四块，削皮并去核。四分之一块苹果切成片状，与葡萄干混合。

3 烤箱预热至 200℃，在撒有面粉的制作台面上，将其中一块酥皮卷面团擀成薄面皮，放到擦碗巾上，将面皮抻拉成薄如蝉翼的 40x35 厘米大小（见第 141 页）。面皮涂抹上黄油，撒上二分之一的面包屑或饼干屑。再将二分之一的苹果葡萄干混合物摊到面皮上面，长边留出约 2 厘米宽的空白边缘。

4 卷起苹果酥皮卷，放到铺有烤箱纸的烤盘上，并涂抹上黄油。用同样的方法制作第二个苹果酥皮卷。将两个苹果酥皮卷放入烤箱（中层），烘焙约 40 分钟至金褐色。

樱桃香草酥皮卷

2 个樱桃香草酥皮卷（每个长度为 30 厘米，每个切分 10 块）| 每块所含热量约 110 千卡

制作时间：45 分钟　醒发 / 冷却时间：隔夜　沥干水分时间：2 小时　烘焙时间：40 分钟

制作酥皮卷面团所需配料	制作馅料所需配料	其他
面粉　250 克（550 型号）	酸樱桃罐头　1 瓶（净重 350 克）	面粉
食用油　2 汤匙（25 毫升）	白砂糖　60 克	用于涂抹的液体黄油　50 克
鸡蛋　1 个（中等大小）	精盐	
精盐　微量（2 克）	肉桂粉　　微量	
冰水　125 毫升	香草布丁粉　50 克	

1 烘焙前一天制作酥皮卷面团：用上述配料制作出面团（见第 140 页）。将面团一分为二，用保鲜膜包住，至少放置 2 小时，最好隔夜冷藏。

2 烘焙当天制作馅料：将酸樱桃罐头倒进漏勺，同时接住 1/4 升的樱桃汁。樱桃至少需要 2 小时完全沥干水分。

3 将 175 毫升樱桃汁与白砂糖、肉桂粉和微量精盐一起煮开，剩余的 75 毫升樱桃汁与布丁粉搅拌均匀，倒入煮好的樱桃汁中，继续边搅拌边煮。将沥干水分的樱桃小心翼翼地拌入布丁中，将其放入冷水盆中冷却。烤箱预热至 200℃。

4 在撒有面粉的制作台面上，将其中一块酥皮卷面团擀成薄面皮，放到擦碗巾上，将面皮抻拉成薄如蝉翼的 40x35 厘米的长方形（见第 141 页）。面皮涂抹上薄薄的一层黄油，将二分之一的樱桃面糊摊到面皮上，两个长边分别留出约 2 厘米宽的空白边缘。

5 从一侧窄边卷起酥皮卷，末端向下折进去。将做好的樱桃香草酥皮卷放到铺有烤箱纸的烤盘上，并涂抹上黄油。用同样的方法制作第二个樱桃香草酥皮卷并涂抹黄油。将两个酥皮卷放入烤箱（中层），烘焙 30~40 分钟至金褐色。在烤盘上放置冷却。根据个人喜好，可配上香草酱、香草冰淇淋或奶油食用。

涂抹液体黄油，确保烘焙出的酥皮卷呈金褐色且极其松脆。

分步指导：
烫面面团

基础烘焙食谱

面团被烫熟？这种特殊的制作方法使糕点充满大量气体——如同填充糕点馅料一样。

● ● ○ ○

450 克烫面面团，即 15 个泡芙或 6 个奶油卷所需配料。

牛奶	175 毫升	香草荚	1/2 根
黄油	50 克	面粉	50 克（405 型号）
白砂糖	2 茶匙（10 克）	淀粉	25 克
精盐	微量（2 克）	鸡蛋	3 个（中等大小）
柠檬皮碎	1/4 个有机柠檬		

1 制作烫面面团时，面粉和黄油的用量相对较少，需要大量牛奶和几个鸡蛋。这种特殊的制作方法，即所谓的"烫面"可使糕点在烘焙时不加发酵剂也能膨胀到双倍体积的大小。

3 面粉与淀粉混合后，过筛至盆中，加入香草籽。将面粉混合物倒入煮开的液体中进行搅拌。

2 牛奶与黄油、白砂糖、精盐和柠檬皮碎一起煮开。将香草荚一分为二，并刮出香草籽。

148

5 将面块放到盘子里，盖上保鲜膜，使其冷却约20分钟，然后放到搅拌盆里。

6 鸡蛋打成蛋液，缓缓倒入盆中，用木制烹饪勺或手动搅拌器将其拌入烫面面团中，直至形成乳状面糊。但面糊不能稀软到从勺子上滴落下来。

4 面糊用木制烹饪勺充分搅拌并将其"烫熟"。也就是说，搅拌时间要足够长，直到在锅底形成白层。

7 将面糊装入裱花袋中，根据想要的形状选择相应的裱花嘴：制作奶油夹心饼和奶油棒，使用口径10毫米的星型裱花嘴；制作泡芙则使用口径6~8毫米的孔型裱花嘴。

8 在铺有烤箱纸的烤盘上，将裱花袋中的面糊挤出小圆点（制作泡芙）或较大的圆点（制作奶油夹心饼），或者是骨头形状的小棒（制作奶油棒）。重要的是：圆点或小棒应当如图中所示这么大，它们之间的距离也应当如图中这么宽，因为面糊在烘焙过程中会膨胀。

9 将点心放入已预热至210℃的烤箱中，烘焙15~20分钟至金黄色。烤箱越热，点心膨胀得越大。温馨提示：蒸汽会使点心更蓬松，所以在预热烤箱时，就在里面放入一个金属模具如烤盘，在点心推入烤箱之后，向金属模具中注入约150毫升水。

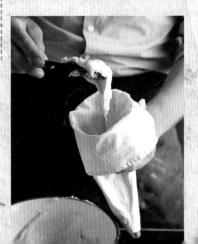

我们的友邻法国人早就知道，这种酥皮夹心小泡芙吃起来比那种鼓鼓的泡芙更加美味。您可以用香草奶油或者您最喜爱的冰淇淋作为这种小泡芙的夹心。

酥皮夹心小泡芙
Croque en bouche

●●●○

1 个点缀有 16 个泡芙的蛋糕 | 每个泡芙所含热量约 180 千卡

制作时间：55 分钟　冷却时间：1 小时　烘焙时间：15 分钟

制作烫面面团所需配料

牛奶	175 克
黄油	50 克
白砂糖	2 茶匙 (10 克)
精盐	微量 (2 克)
有机柠檬皮碎	微量
面粉（405 型号）	50 克
淀粉	50 克
鸡蛋	3 个（中等大小）

制作馅料所需配料

香草荚	1 根
牛奶	300 毫升
白砂糖	50 克
香草布丁粉	30 克
蛋黄	1 个（中等大小）
奶油	200 克
食用明胶	2 片（3 克）

焦糖所需配料

白砂糖	约 150 克

1 制作烫面面团：将牛奶与黄油、白砂糖、精盐和柠檬汁一起煮开，面粉与淀粉混合后，过筛至盆中。把面粉混合物放到煮开的液体中，用木制烹饪勺充分搅拌并将其"烫熟"。也就是说，搅拌时间要足够长，直到在锅底形成白层。将面块放到盘子里，盖上保鲜膜，使其冷却约 20 分钟。烤箱预热至 220℃，底层放置一个金属器皿。

2 将烫面面团放到搅拌盆里，鸡蛋打成蛋液，缓缓倒入盆中，用烹饪勺将其拌入烫面面团中，直至形成乳状面糊（但面糊不能稀软到从勺子上滴落下来）。

3 将面糊装入裱花袋（带有口径为 10 毫米的孔型裱花嘴），在铺有烤箱纸的烤盘上挤出 16 个核桃大小（直径约 3 厘米），间隔大约 3 厘米的圆点。烤盘推入烤箱（中层），向金属器皿内注水，将小泡芙烘焙约 15 分钟至金褐色。取出后，在烤盘上放置冷却。

4 在此期间制作馅料：香草荚纵向一分为二，刮出香草籽。将 1/4 升牛奶与香草荚和白砂糖一起煮开。剩余的牛奶与布丁粉、蛋黄和香草籽搅拌均匀，倒入煮开的香草牛奶中，继续搅拌并煮开数次。去除香草荚，将布丁倒入盆中，表面用保鲜膜盖住（以防结皮），放置冷却约 1 小时。

5 将 2 汤匙奶油放入锅中，余下的奶油放入冰箱冷冻。食用明胶放在冷水中浸泡，使其变软。布丁涂抹到细筛子上进行过滤。在锅中加热奶油，将沥干水分后的食用明胶放入锅中，使其溶解。食用明胶混合物拌入布丁中。剩余部分的奶油用手动搅拌器或厨房多功能料理机打发成硬性奶油，小心翼翼地将其拌入布丁当中。

6 将布丁奶油倒入裱花袋（带有口径 4 毫米的孔型裱花嘴），挤出小份注入泡芙中。最好在泡芙球上找出烘焙时就已轻微开裂的地方。然后，将泡芙放入冰箱短时间冷藏。

7 制作焦糖：在一口宽敞的锅中，均匀摊上白砂糖，不进行搅拌，使其融化而变成焦糖（见第 229 页），将锅从灶台移开。

8 将泡芙的一小块浸入焦糖中（要小心，焦糖非常热！)，在圆盘上将 6 个泡芙摆放成一个圆形(焦

糖会把它们粘到一起）。摆放第二层时，再稍微向圆圈中间放置，5 个泡芙粘在一起。摆放第三层时同样稍微向中间放置，将 4 个泡芙依次摆放。最后剩下的泡芙，摆放到金字塔的顶端。

9 剩余部分的焦糖如果已经开始变硬，就再次稍微加热一下（要注意，焦糖会很快变成深色，那样吃起来味道就会变苦）。用叉子依次从焦糖上随意拉出许多细丝，在酥皮夹心小泡芙上面快速形成凌乱的丝线（结网）。做好的酥皮夹心小泡芙要尽快食用，因为焦糖会很快吸收湿气而变软。

变换花样

您完全可以根据自己的兴趣和心情来选择泡芙的夹心用料，比如巧克力布丁（见第 172/173 页）。将热巧克力布丁装入裱花嘴口径为 4 毫米的裱花袋中，挤到泡芙内。布丁冷却约 30 分钟使其凝固（见上图）。

咖啡奶油棒

在法国，几乎每一家糕点店都有奶油棒和泡芙。这些传统的用烫面面团制作的点心，在我们这里几乎已被遗忘。我非常喜欢这款精美的夹心小甜点。

咖啡奶油棒
Kaffeesahne Eclairs

●●○○

10 个咖啡奶油棒 | 每个所含热量约 310 千卡

制作时间：1 小时　冷却 / 醒发时间：隔夜 +1 小时　烘焙时间：25 分钟

制作夹心馅料所需配料		制作烫面面团所需配料		制作装饰所需配料	
奶油	250 克	牛奶	175 毫升	黑巧克力块	80 克
咖啡豆	50 克	黄油	50 克	食用油	将近 1 汤匙 (8 克)
食用明胶	2 片 (3 克)	白砂糖	2 茶匙 (10 克)		
鸡蛋	1 个（中等大小）	精盐	微量 (2 克)		
白砂糖	1 汤匙 (15 克)	有机柠檬皮碎	微量		
精盐		面粉（405 型号）	50 克		
白色巧克力块	75 克	淀粉	50 克		
		鸡蛋	3 个（中等大小）		

1 在烘焙前一天制作夹心馅料：将奶油与咖啡豆一起放入锅中煮开，冷却后盖上盖子，放入冰箱冷藏过夜，使其入味。

2 烘焙当天制作烫面面团：牛奶与黄油、白砂糖、精盐和柠檬皮一起煮开。面粉与淀粉混合后，过筛至盆中。将面粉混合物倒入煮开的液体中，用木制烹饪勺充分搅拌并将其"烫熟"，也就是说，搅拌时间要足够长，直到在锅底形成白层。将面块放到盘子里，盖上保鲜膜，放置使其冷却。烤箱预热至 220℃，底层放置一个金属器皿。

3 将烫面面团放到搅拌盆里，鸡蛋打成蛋液，缓缓倒入盆中，用烹饪勺将其拌入烫面面团中，直至形成乳状面糊（但面糊不能稀软到从勺子上滴落下来）。

4 将面糊装入裱花袋（带有口径为 8 毫米的孔型裱花嘴），在铺有烤箱纸的烤盘上挤出 10 厘米长 3 厘米宽、间隔约 6 厘米的线条。烤盘推入烤箱（中层），向金属器皿内注水，将奶油棒烘焙约 25 分钟至金褐色。取出后，在烤盘上放置冷却。

5 将食用明胶放入冷水中泡软，鸡蛋、白砂糖、20 毫升水和微量精盐放入金属盆中，用打蛋器搅拌并放置到热水蒸锅中，使蛋黄糊消散成玫瑰花形（见第 232 页）。也就是说，加热到 85℃，通过搅拌使蛋黄糊变得稍微黏稠。面糊用细筛涂抹过滤后，用手动搅拌器或厨房多功能料理机冷却搅拌约 10 分钟。

6 将咖啡奶油用筛子过滤到搅拌盆中，用手动搅拌器打发成硬性奶油。白巧克力块砸碎后装入金属碗中，放到热水蒸锅里使其融化，同时加入 1 汤匙水搅拌。沥干水分的食用明胶放入热巧克力中溶解，将混合物加进冷却搅拌后的蛋糊中进行搅拌。最后拌入奶油，将面糊装入带有 4 毫米口径孔型裱花嘴的裱花袋中。

7 在奶油棒上面从中间分别切开一条 1~2 厘米宽的裂缝，从开口处向奶油棒中挤入咖啡奶油。奶油棒放置冷却大约 1 小时，直到咖啡奶油糊凝固。

8 制作点心装饰：巧克力块砸碎后装入金属碗中，放到热水蒸锅里使其融化，加入食用油。用汤匙将液体巧克力浇在奶油棒上，呈丝网状。

如果奶油棒做好以后准备立即食用，我喜欢在奶油棒表面用打发好的奶油代替融化的巧克力来做装饰。

温馨提示
海恩斯
韦伯

变换花样

您可以尝试用草莓奶油夹心馅料来制作奶油棒。将3片食用明胶放入冷水中泡软。150克草莓洗净后切分成两半，与1汤匙白砂糖和1汤匙柠檬汁混合后，用搅拌器搅成泥状。食用明胶沥干水分后，加入1汤匙水在锅中溶解，将其拌入草莓泥中。用手动搅拌器将100克奶油搅打成硬性奶油，将其搅拌到草莓糊里。再把一个蛋清与2汤匙白砂糖打发成硬性蛋白，拌入草莓糊中。奶油棒沿水平方向一分为二切开，将草莓奶油装入带有大裱花嘴的裱花袋中，在奶油棒的下边部分摊上草莓奶油，再把上边部分的盖子盖上，冷却放置大约1小时。

157

分步指导:
酥皮面团基础烘焙食谱

毫无疑问,酥皮面团制作出的甜点属于糕点店中的亮点。此处的精确说明揭开了制作酥皮面团的神秘面纱。

●●●●

约 600 克酥皮面团或 12 小块。

制作酥皮面团所需配料	
面粉(550 型号)	300 克
黄油	30 克
精盐	少许(6 克)
蜂蜜	1/2 茶匙(3 克)
冰水	150 毫升

制作黄油混合物所需配料	
软黄油	200 克
面粉(550 型号)	40 克

其他

面粉

3 在撒有面粉的制作台面上,将面团塑成球形,交叉切 1 厘米深,压成 20x20 厘米的正方形面皮。用保鲜膜包住,放入冰箱冷冻约 1 小时(注意面皮不能冻结)。

1 酥皮面团是烘焙酥松薄脆的小点心和蛋糕的基础食材。制作时重要的是:面团要始终保持凉爽(最高温度约 22℃)。烘焙过程中,不允许打开烤箱门,否则酥皮层就会塌陷。

2 制作面团:在搅拌盆中,用手动搅拌器或厨房多功能料理机的和面功能将面粉、黄油、精盐、蜂蜜和水搅拌揉捏成紧实的面团。如果需要的话,还可以用茶匙再加少许水。

5 把面皮放到撒有少许面粉的制作台面上，黄油面皮呈45度置于其上——四个角分别位于正方形面皮四边的中间。将正方形面皮的四角折到黄油面皮上，完全覆盖住黄油面皮。

4 制作黄油面皮：用手将黄油和面粉揉捏后，和成面团。在撒有面粉的制作台面上，将其擀成1厘米厚、约14x14厘米的正方形面皮。用保鲜膜盖住，放入冰箱冷藏约30分钟，直到黄油面皮达到与之前的面皮相似的稳固性。

6 在撒有面粉的制作台面上，用木制擀面杖将包好的成套面皮擀成约1厘米厚的窄长方形。重要的是，只朝一个方向擀，也就是只朝上下方向擀，而不是朝左右方向擀。

9 再次将面皮擀成1厘米厚、四边敞开的面皮。如步骤7所描述，窄边折叠成三层后，再次擀成四边敞开的面皮，如步骤8所描述折叠四层。将其用保鲜膜包裹住，放入冰箱冷藏2小时，然后，再随意制作成不同的点心。

7 拿起面皮的窄边，将其三分之一折向中间，相对应的另一条窄边置于包起来的面皮上，以形成三层。

8 将已折叠的成套面皮重新擀成四边敞开的面皮（同样，还是朝一个方向擀），分别将窄边折向中间。两条折叠的边相互重叠放置，以形成四层。将做好的多层面皮用保鲜膜包住，放入冰箱冷藏2~3小时，最好隔夜冷藏。

专家提示：
制作特殊面团的注意事项

烘焙甜点时，最让人兴奋的便是各式各样的面团。恰恰对于这些面团的特殊性，您不必担心，烘焙出的点心会回报我们精美的口味——从超级松脆到酥松软糯。

1 为什么制作果馅卷面团所用的水必须是冰水？

如果烘焙食谱中规定使用冰水，我通常会提前 1 小时将水放入冰箱冷藏。如果需要马上开始制作，我则会采取下面这种办法：量取比食谱中规定的量多 100~200 毫升的水，加入 5~10 块冰块，等待 5 分钟，然后我才精确测量出制作面团所需的水——此时的水才是真正的冰水！果馅卷面团在揉捏时的温度不宜过高，这一点尤为重要。因为面团的温度保持在 22℃ ~25℃ 之间，擀面时比较容易。

2 如果果馅卷面皮在抻拉时破裂，该怎么办？

这没有太大问题：如果面皮在抻拉过程中出现一些小洞，可以直接将它们捏合到一起，到后来就看不到粘合处了！如果我在抻拉面皮时注意到面皮此时已达到它的应力限度，我会将面皮静置 3~4 分钟，这样面皮就会松弛下来，重新恢复弹性。

3 为什么烫面面团烘焙出的糕点会塌陷？

这可能有制作和烘焙过程中的多方面原因。当面团制作出来后，应当在锅中烘烤一定时间，以使所有配料能够很好地粘合在一起，这样面团就不会太稀软。烘焙过程中，温度调得太低、过早打开了烤箱门、烤箱没有完全预热好，这些都有可能是造成面团塌陷的原因。烫面面团放进烤箱时，需要一定的温度。170℃以上的温度是理想的状态，这样面团才能很好地膨胀起来，体积才会增加。

4 自制酥皮面团，应当注意什么？

自制酥皮面团是烘焙的巅峰之作。您尽可以相信，这并非魔法！重要的是，酥皮面团只能向一个方向擀，也就是说，如果上下方向擀面皮，就不要再向左右擀了。擀面皮时，中间总是要稍微停歇几次（5分钟），以避免面团受力太强。

5 酥皮面团可以冷冻吗？

冷冻酥皮面团的效果非常好，最好是大约1厘米薄的面皮。面皮越薄，解冻速度就越快。未烘焙的酥皮面团至少可冷冻保存3个月。我通常将酥皮面团放入冰箱冷藏室里慢慢解冻。在室温下，面团里的黄油比其他配料融化得要快——这会使面团变稀软。

6 在油炸过程中必须要注意什么？

总是要小心一些！尤其切忌向热油中加水！当把面团放入油中时，要保持距离——这会防止热油溅出来。油炸所需的用油量应当与锅的大小相符合。油锅必须要足够宽足够高，以使油炸物在热油里可以游刃有余。我也不会一次性放入过多的油炸物，因为这样会使油温降低，点心就不会炸得那么好。我更愿意多分成几份来油炸，期间我会用木勺将油锅中的油炸物翻转一次。

7 油炸食品时使用哪一种油最好？

油炸食品时适合使用无水油，并且不会在高温时开始冒烟，比如：精炼花生油、液体黄油（但是黄油的味道不是每个人都喜欢）或压榨成块的植物油。

8 油炸食品用过的油该怎么办？可以重复使用吗？

如果使用优质的植物油，可以保存两个月并可重复使用。每次油炸结束以后，我都会用细筛过滤掉油炸过程中形成的漂浮物。从生态学的角度来说，人们还通过这种正确的方法来清理用过的油：放到带螺旋塞的玻璃瓶里。

巧克力香蕉派
Schoko Bananen Taschen

制作这款巧克力香蕉派是为了纪念我的罗马尼亚保姆，她总是为我做我最喜欢的巧克力榛子酱香蕉油煎饼，来满足我的愿望。

●●○○

12 块巧克力香蕉派 | 每块所含热量约 450 千卡
制作时间：40 分钟　冷却时间：1 小时　烘焙时间：20 分钟

制作面团所需配料
自制酥皮面团　600 克（见第 158/159 页）或冷冻酥皮面团（已解冻）

制作蛋糕馅料所需配料
杏仁泥　50 克
牛奶　约 100 毫升
白砂糖　2 汤匙（30 克）

香草籽　微量
椰蓉　140 克
硬粒小麦粉　1 汤匙 (10 克)
鸡蛋　1 个（中等大小）
小香蕉　3 根
柠檬汁　1/2 个柠檬
纯牛奶巧克力或黑巧克力　120 克

其他
面粉
用于涂抹的鸡蛋　1 个（中等大小）
用于撒在蛋糕上的椰蓉 100 克
杏肉果酱　4 汤匙（约 80 克）

1 制作面团：将冷藏的酥饼面团在撒有面粉的制作台面上擀成 1 厘米厚的长方形面皮，放置到托盘上，用保鲜膜盖住，放入冰箱冷藏约 30 分钟或冷冻 10 分钟（面团只需达到非常凉的状态，但不能冻结）。

2 在此期间制作蛋糕馅料：杏仁泥切成小方块，将 100 毫升牛奶与杏仁泥、白砂糖和香草籽放入锅中煮开。

3 将锅从灶台移开，椰蓉与粗粒小麦粉混合，用木制烹饪勺将其拌入杏仁泥牛奶中，将混合物倒入盆中，用保鲜膜盖住放置冷却。

4 将酥皮面团放到撒有面粉的制作台面上，擀成约 3 毫米厚、30x40 厘米的长方形，在面皮上标记出 12 个 10x10 厘米大的方形，用尖刀切开。鸡蛋与 1 汤匙水一起搅拌，在面皮边缘涂上薄薄的一层蛋液。烤箱预热至 220℃。

5 用烹饪勺将鸡蛋拌入椰蓉杏仁泥混合物中，以便使其形成具有一定黏稠性的糊状物。如果有必要的话，还可以再加入些许牛奶搅拌。香蕉去皮，先横向再纵向切开，洒上柠檬汁。巧克力块切成大小相同的 12 块。

6 用汤匙盛出一些椰蓉杏仁泥奶油糊，放到每一块正方形面皮中间，分别在上面放上 1 块巧克力和 1/4 根香蕉。把面皮的上下两边分别向中间折进去，另外两边同样折向中间，轻轻压住，有折痕的一面朝下。放到铺有烤箱纸的烤盘上，将其轻轻涂抹上搅拌好的蛋液，放进烤箱（中层）烘焙 15~20 分钟至金黄色，取出后放置冷却。

7 将椰蓉放入无油平底锅中，炒至金黄色。果酱中加入 1~2 汤匙水在小锅中煮开，将其涂抹到酥皮派上，再撒上椰蓉。

温馨提示
海恩斯
韦伯

这款甜点务必要在冷却至微温状态时，在上面涂抹巧克力。如果还很热，巧克力就会浸透到酥皮中，这样点心的表面就失去了光泽，椰蓉也无法粘在点心表面。

荷兰式酥皮蛋糕
Holländer schnitten

樱桃奶油酥皮蛋糕——别无所求的选择！具有芳香气味的酥皮面团是奶油的最佳搭档。

●●●○

8 块 | 每块所含热量约 450 千卡

制作时间：1 小时 10 分钟　冷却时间：2 小时 30 分钟　烘焙时间：20 分钟

制作面团所需配料

自制酥皮面团（见第 158/159 页）或冷冻酥皮面团（已解冻）300 克

制作樱桃布丁混合物所需配料

酸樱桃罐头　1 瓶（净重 350 克）

白砂糖　　　25 克

精盐

肉桂粉　　　微量

香草布丁粉　20 克

制作奶油混合物所需配料

食用明胶　　　3 片 (4.5 克)

香草荚　　　　1 根

蛋黄　　　　　2 个（中等大小）

牛奶 30 毫升 | 白砂糖 50 克

奶油　　　　　400 克

樱桃烧酒　　　30 毫升

制作蛋糕浇注料所需配料

树莓果冻　4 汤匙

糖粉　　　4 汤匙

柠檬汁　　1 汤匙

其他

面粉

1 加工面团：在撒有面粉的制作台面上，将酥皮面团擀成约 3 毫米厚、30×40 厘米的长方形面皮，将其用尖刀平均切分成三块，以形成 3 张 10×40 厘米大小的长方形面皮。把它们放到铺有烤箱纸的烤盘上，用保鲜膜覆盖住，在室温下静置大约 30 分钟。烤箱预热至 220℃。

2 将 3 张面皮放入烤箱（中层），烘焙 10~20 分钟，烤成金褐色的酥皮面饼。放在烤盘上冷却。

3 在此期间加工樱桃：酸樱桃罐头倒入筛网过滤水分，同时接住 130 毫升的樱桃汁。将 100 毫升樱桃汁与白砂糖、少许精盐和肉桂粉一起煮开。布丁粉与 30 毫升樱桃汁混合搅拌均匀，倒入樱桃混合物继续搅拌并煮开几次。拌入樱桃后，放置冷却。

4 同时制作奶油混合物：将食用明胶放入冷水中浸泡，使其变软。香草荚纵向一分为二并刮出香草籽。蛋黄与香草籽、牛奶和白砂糖放到金属盆中，用打蛋器搅拌并放置到热水蒸锅中，使蛋黄糊消散成玫瑰花形（见第 232 页），也就是说，

加热到 85℃，通过搅拌使蛋黄糊变得稍微黏稠些。将沥干水分的食用明胶拌入其中，把鸡蛋奶油糊放置到冷水盆中，间或搅拌，使其冷却大约 5 分钟。

5 用手动搅拌器或厨房多功能料理机将奶油打发成硬性。将樱桃烧酒加入鸡蛋糊中搅拌，把奶油拌入其中。

6 将其中一个酥皮面饼放到烤盘上，边缘放上长方形的蛋糕模具框，底部摊上樱桃混合物，上面涂抹二分之一的奶油混合物。然后用保鲜膜覆盖，放入冰箱冷藏 1~2 小时，使其凝固。

7 制作蛋糕浇注涂层：将树莓果冻与 1~2 茶匙水一起在锅中煮开，涂抹到剩余的酥皮面饼上，放置使其略微变干。糖粉与柠檬汁搅拌均匀，涂抹到树莓果冻上，晾干 5 分钟。再将其横向切成约 5 厘米宽的块状。

8 去除蛋糕模具，将切好的酥皮饼并列放置到奶油混合物涂层上面，中间切分成块。最好趁新鲜时食用。

蛋糕浇注涂层越薄，红色的树莓果冻就越会透露出美丽的光泽。因此，您需要将糖粉混合物搅拌成相当稀释的液体。

巧克力牛角面包
Schoko Croissants

●●●●

12 个牛角面包 | 每个所含热量约 290 千卡

制作时间：2 小时　冷却 / 醒发时间：2 小时 30 分钟　烘焙时间：20 分钟

制作面团所需配料		制作黄油混合物所需配料		制作装饰所需配料	
面粉（550 型号）	350 克	软黄油	100 克	黑巧克力块	30 克
冰水	180 毫升	面粉（550 型号）	25 克	牛轧糖	30 克
白砂糖	10 克				
鲜酵母	12 克	**制作馅料所需配料**		**其他**	
精盐	7 克	黑巧克力块	100 克	面粉	
软黄油	15 克	牛轧糖	100 克		

1 制作面团：采用手动搅拌器或厨房多功能料理机和面的低档功能，将面粉、水、白砂糖、酵母、精盐和黄油混合到一起并揉捏，然后调至较高档继续和面 2 分钟，直到形成光滑、柔软的面团。

2 将面团擀成约 2 厘米厚的长方形面皮，用保鲜膜包裹，放入冰箱低温冷却 20~30 分钟，直到面团变得非常凉（注意面团不能冻结）。

3 在此期间制作黄油面皮：黄油和面粉混合后，用手揉捏。在撒有少许面粉的制作台面上，将面团擀成 1 厘米厚、约 14×14 厘米的正方形面皮。用保鲜膜盖住，放入冰箱低温冷藏约 30 分钟。

4 将面皮放到撒有少许面粉的制作台面上，黄油面皮呈 45 度置于其上——四个角分别位于正方形面皮四边的中间（见第 159 页）。将正方形面皮的四角向中间折叠，以使黄油面皮完全被覆盖住。

5 在撒有面粉的制作台面上，用木制擀面杖将包好的成套面皮擀成约 1 厘米厚的窄长方形。重要的是只朝一个方向擀，比如只朝上下方向擀，而不是朝左右方向擀。

6 将面皮的窄边抬起，将其三分之一折向中间，相对应的另一条窄边置于包起来的面皮上，以形成三层。

7 将已折叠的成套面皮重新擀成四边敞开的面皮（同样，还是朝一个方向擀），再次将每条窄边向中间折叠三分之一。此过程再重复一次。然后，将做好的多层面皮用保鲜膜包住，放入冰箱冷藏大约 30 分钟。

8 在此期间制作馅料：黑巧克力块砸碎，牛轧糖切成块状。将两者放入金属盆中，置于热水蒸锅中使其融化并充分搅拌。将金属盆从热水中取出，使融化的巧克力牛轧糖糊冷却，直到变得稍微浓稠。把巧克力牛轧糖糊倒在烤箱纸上，平摊成约 3 毫米厚的长方形，使其变成可以切片的硬度，将其切成约 4×1 厘米大小的细条。

9 在撒有面粉的制作台面上，将面皮擀成四边敞开的 3 毫米厚、26×84 厘米的条形。将长条在上端长边的 7 厘米处、下端的 14 厘米处作上标记（用刀轻微刻出划痕）。然后，用尖刀按照标记从上到下斜着切开——最后形成 12 个三角形。

10 在三角形面皮的窄边上放置 1 个巧克力牛轧糖细条，将面皮从巧克力牛轧糖细条这边卷起，

卷成牛角形小面包，将其放到铺有烤箱纸的烤盘上。将牛角面包用保鲜膜盖住，置于室温下约 1.5 小时，使其体积膨胀到两倍大小。烤箱预热至 210℃，底部放置一个金属器皿。

出线条。

11 将烤盘推入烤箱（中层），金属器皿内注水。牛角面包烘焙约 20 分钟至金褐色，取出后静置冷却。

12 制作装饰：将巧克力和牛轧糖放入金属碗，置于热水蒸锅中使其融化。将巧克力牛轧糖糊装入冷冻袋里，剪掉一个小角，在牛角面包上面滴

温馨提示
海恩斯
韦伯

牛角面包（无巧克力装饰）可以很好地冷冻保存。解冻时只需将其装入冷冻袋中，放入冰箱冷藏层，隔夜即可解冻。第二天早上将装入烤盘的牛角面包放到预热至 200℃ 的烤箱里，只需 3 分钟，您就可以享用新鲜出炉的美味酥松的牛角面包了。

树莓柏林包

柏林包是我最早的童年记忆。当时的面包房还建在我们的住宅里，每天早晨都可以闻到新鲜出炉的柏林包的诱人香味。我经常会钻进面包房里玩耍一下。

树莓柏林包
Himbeer Berliner

●●●○

20 个树莓柏林包 | 每个所含热量约 270 千卡

制作时间：1 小时 30 分钟　醒发时间：2 小时

制作发酵面团所需配料		制作布丁所需配料		其他	
香草荚	1/2 根	牛奶	1/4 升	面粉	
面粉（550 型号）	500 克	白砂糖	1 汤匙	用于油炸的油脂	约 1 公斤
凉牛奶	225 毫升	香草布丁粉	20 克	白巧克力块	约 200 克
黄油	60 克				
鲜酵母	35 克	**制作树莓糊所需配料**			
白砂糖	60 克	橙汁	60 毫升		
鸡蛋	1 个 (中等大小)	白砂糖	15 克		
蛋黄	2 个 (中等大小)	香草布丁粉	10 克		
精盐	少许 (4 克)	冷冻树莓	150 克		
有机柠檬皮碎	微量				

1 制作发酵面团：香草荚纵向一分为二，刮出香草籽。将香草籽与其他配料放入搅拌盆中，用手动搅拌器或厨房多功能料理机的低档和面功能和面大约 10 分钟，然后调至较高档继续和面约 4 分钟，使其成为光滑的面团。用保鲜膜盖住面团，醒发大约 30 分钟。

2 在撒有面粉的制作台面上，充分揉捏发酵面团，再次盖上保鲜膜，静置约 30 分钟。

3 将发酵面团重新放在撒有面粉的制作台面上充分揉捏，将其塑成一个长面卷，静置醒发 5 分钟。将面卷切分成 20 块，再把面块塑成圆形，放入铺有烤箱纸的烤盘里。用保鲜膜盖住，静置约 1 小时，直到其体积膨胀至两倍大小。

4 在此期间制作布丁：200 毫升牛奶与白砂糖一起煮开，剩余牛奶与布丁粉均匀搅拌后，倒入煮开的牛奶中，边搅拌边煮开，重复几次。将布丁倒入碗中，表面用保鲜膜盖住，放置冷却。

5 制作树莓糊：将 40 毫升橙汁与白砂糖一起煮沸，剩余的橙汁与布丁粉搅拌均匀后，倒入煮开的橙汁中，边搅拌边煮开，重复几次。加入树莓继续搅拌，使其冷却。

6 将油脂放入宽敞的锅中加热至 180℃。当握住木制烹饪勺柄，放入油脂中，升起小气泡时，说明达到了合适的油温。把面球逐份放入热油中，盖上锅盖，油炸大约 4 分钟至金褐色。用叉子旋转面球，不盖锅盖，继续将面球的另外一面油炸 4 分钟至金褐色，使其熟透。用漏勺将柏林包从油锅中捞出，在厨房用纸上沥干油脂。剩余的面球以同样的方法油炸、捞出、沥干油脂，放置使其冷却。

7 巧克力块砸碎后，装入金属碗中，置于热水蒸锅中使其融化。将柏林包水平方向切分成两半，上半部分用压模压出一个直径 3~4 厘米的孔，下半部分浸入液体巧克力中，取出后晾干。

8 在此期间，将布丁装入带有较大孔型裱花嘴的裱花袋中，在柏林包的下半部分摊上环状的布丁。把上半部分的盖子放到上面，用茶匙向孔内分别加入 1~2 茶匙的树莓糊。做好的柏林包尽可能趁着新鲜享用，这样吃起来味道最佳。

变换花样

您可以尝试一下,制作柏林包时填充巧克力馅(见上图)。将1/4升牛奶、60克砸碎的黑巧克力块和1汤匙白砂糖一起煮开。将60毫升牛奶与1个蛋黄(中等大小)和20克香草布丁粉混合搅拌均匀后,倒入煮开的牛奶中。边搅拌边煮开,重复几次。将做好的巧克力布丁装入碗中。

将布丁装入带有4毫米孔型裱花嘴的裱花袋中,从侧面挤入柏林包里,放置约30分钟,使布丁凝固。将200克黑巧克力块或纯牛奶巧克力块砸碎,加入10克椰子油或花生油,置于热水蒸锅中使其融化。将柏林包的上半部分浸入融化的巧克力中,取出后晾干。

油炸奶渣球
Quark bällchen

油炸奶渣球适合烘焙初学者或者当您需要快速制作一道甜品时。这款超级柔软的油炸奶渣球不需要夹心，因为面团里面已含有足够的奶油。

●●○○

约 20 个油炸奶渣球 | 每个所含热量约 180 千卡

制作时间：1 小时　醒发时间：45 分钟

制作面团所需配料

黄油	50 克
面粉（405 型号）	250 克
白砂糖	65 克
精盐	少许 (2 克)
泡打粉	2 茶匙 (14 克)
脱脂奶油	300 克

食用油（如：葵花籽油或菜籽油）	2.5 汤匙（25 克）
鸡蛋	2 个（中等大小）
蛋黄	2 个（中等大小）
有机柠檬皮碎	1/4 茶匙
香草籽	微量

其他

白砂糖	约 100 克
肉桂粉	微量
油炸用的油脂	1 公斤

1 制作面团：黄油放入锅中融化。用手动搅拌器或厨房多功能料理机将黄油与其他配料一起搅拌约 5 分钟。将面团用保鲜膜盖住，静置 45 分钟使其膨胀。

2 将白砂糖与肉桂粉在盘子或碗中混合，油脂放入宽敞的锅中加热至 180℃。当握住木制烹饪勺柄放入油脂中，升起小气泡时，说明达到了合适的油温。

3 用汤匙或冰淇淋匙依次从面团上挖出凸块或小球，放到热油中稍微炸一下。小球油炸大约 6 分钟后，四周呈金褐色。油炸期间要不断碰撞小球，以使它们旋转起来，炸成均匀的棕色。

4 白砂糖与肉桂粉在盆中混合在一起。用漏勺捞出奶渣球，沥干油脂后，放入砂糖肉桂粉中滚动。剩余的面团继续以相同的方法，直到全部用光。油炸奶渣球做好以后立即享用。

温馨提示
海恩斯
韦伯

若平时使用裱花袋来制作奶渣球，可以将面糊装入带有 12 毫米孔型裱花嘴的裱花袋中，挤出 2.5 厘米的小块，挤到热油里。在操作时，不要每挤出一小块就放下裱花袋，而是要在面糊溢出时，逐块剪断。在油炸过程中，这些小短条会变成球形。

巧罗丝——西班牙油条
Churros

这款简单易做的西班牙甜点，在新鲜出炉时配上液体巧克力和水果块，吃起来的口味最佳。

●●○○

12 根西班牙油条 | 每根（带有巧克力和水果）所含热量约 210 千卡

制作时间：35 分钟

制作面团所需配料

白砂糖	1/2 茶匙（3 克）
精盐	1/2 茶匙（3 克）
面粉（405 型号）	180 克

滚奶渣球所需用料

白砂糖	约 100 克
香草籽	微量（可用 2 包 Bourbon 香草糖代替）

其他

用于油炸的油脂　1 公斤
用于涂抹烤箱纸的油脂

根据个人喜好

黑巧克力块	60 克
纯牛奶巧克力块	60 克
切成小块的水果（如：香蕉、草莓、苹果）	

1 制作面团：将 300 毫升水与白砂糖、精盐一起放入锅中煮沸。

2 面粉倒入搅拌盆中，用手动搅拌器或厨房多功能料理机的低档功能进行搅拌，加入热水，继续搅拌足够长时间，直到形成光滑柔软的面团。

3 将油脂放入宽敞的锅中加热到 180℃。当握住木制烹饪勺柄放入油脂中，升起小气泡时，说明达到了合适的油温。将多张小的烤箱纸托（直径大约等同于油炸锅的直径）涂抹上一些油脂。

4 将面糊装入带有 8 毫米星型裱花嘴的裱花袋中，在烤箱纸上挤出 8 厘米长的细条。烤箱纸向前倾斜放到热油上方，以使细条滑落到油锅里，再立即移开烤箱纸。将巧罗丝油条油炸 6~8 分钟至金褐色。

5 滚奶渣球：白砂糖与香草籽放入盆中混合。用漏勺从油锅中捞出巧罗丝油条，在厨房用纸上沥干油脂后，立即放入香草糖中滚一下，使其粘上糖粉。以同样的方式，分别将余下的细条油炸、沥干并粘上香草糖。

6 根据个人喜好，热巧罗丝油条可以蘸液体巧克力食用。为此，将黑巧力块和纯牛奶巧克力块砸碎，分别装入不同的金属碗中，置于热水蒸锅中，使其融化。液体巧克力和水果块与巧罗丝油条一起食用。享用时，可以交替着把巧罗丝油条和水果块蘸上巧克力品尝。

温馨提示
海恩斯·韦伯

制作巧罗丝的面团可以提前几小时准备好，放置在室温下。您甚至可以事先将它挤到烤箱纸上，然后等客人到来时，再立即放入热油中油炸。

面包 & 小面包

所有的一切从面包开始——无论是关乎人类的烘焙艺术还是我们的家族面包坊。每日的面包是我最大的热情所在，从蓬松多孔的白面包到韧劲十足的发面面包，再到松脆的意式面包棒，所有种类，一应俱全。

分步指导：
白面包基础烘焙食谱

无论是长方面包、法式长棍面包还是小面包，制作白面包的面团是一种多用途面团，可以用来制作各种各样的面包。

●○○○

制作约 800 克面团或 2 个白面包或 2 个法式长棍面包或 10~12 个小面包

制作老面所需配料		制作面团所需配料		其他
小麦面粉（812 型号）	150 克	小麦面粉（550 型号）	250 克	面粉
凉水	300 毫升	小麦面粉（812 型号）	100 克	涂抹模具的黄油
鲜酵母	1 克	凉水	300 毫升	
精盐	3 克	精盐 7 克 | 鲜酵母 5 克		
		白砂糖 5 克 | 橄榄油 25 克		

1 制作老面：将面粉、水、鲜酵母和精盐放入搅拌盆中，用木制烹饪勺搅拌均匀。用保鲜膜盖住后，放入冰箱隔夜冷藏，使其醒发。

2 制作面团：将老面与两种面粉、水、精盐、鲜酵母、白砂糖和橄榄油混合在一起，用手动搅拌器或厨房多功能料理机的低档和面功能，将所有配料一起揉捏 10 分钟。然后调至较高档继续揉大约 5 分钟至面团光滑，使其能从盆边脱落下来。

3 将面团用保鲜膜盖住，置于室温下醒发 2 小时。

5 制作白面包：将两份面团，每份 400 克，塑成长条面卷，分别放入已涂抹黄油的盒式面包模具（24 厘米长）中。用保鲜膜覆盖，放置约 1 小时使其醒发，直至面团膨胀到模具边缘。

4 在撒有面粉的制作台面上，根据个人喜好，用手将面团塑成面包、法式长棍面包或者小面包的形状。

6 用一把尖刀将面包从中间纵向切开，这样可使面团在烘焙时不会无限制地开裂。

8 制作法式长棍面包：将两份面团，每份 400 克，塑成 30 厘米长的长条。在擦碗巾上撒上一些面粉，把长条放到上面，彼此之间保持一定距离，用另外一条擦碗巾将其盖住。醒发大约 1 小时，直到体积膨胀至两倍大小。

7 将面包放进已预热至 240℃ 的烤箱（中层），将烤箱温度调低至 180℃，烘焙 1 小时至金褐色。然后，从模具中倒扣出来，放在网架上冷却。

9 在长条面包上用尖刀斜着刻划几次，将其放进已预热至 220℃ 的烤箱（中层），用蒸汽（在烤箱底部放置一个装满水的金属器皿）烘焙大约 30 分钟至金褐色。

分步指导：
发酵面团基础烘焙知识

●○○○

制作 400 克培养基和 440 克发酵面肥

第一阶段		制作培养基所需配料	
黑麦面粉（1150 型号）	25 克	黑麦面粉（1150 型号）	150 克
温水	25 毫升	温水	150 毫升

第二阶段		制作发酵面肥所需配料	
黑麦面粉（1150 型号）	50 克	黑麦面粉（1150 型号）	200 克
温水	50 毫升	温水	200 毫升

3 第三阶段（= 培养基，发酵面肥的基础）：面粉与第二阶段做出来的混合物和 150 毫升温水混合搅拌后，用保鲜膜盖住，再次在 25℃~30℃的温度下放置 24 小时。

1 第一阶段：面粉与 25 毫升温水混合搅拌后，用保鲜膜将混合物盖住；在温度为 25℃~30℃的地方（最好放在朝南的窗户边或暖气旁边）放置约 24 小时。

2 第二阶段：将面粉与第一阶段制作出的混合物和 50 毫升温水进行搅拌，再将混合物盖上保鲜膜，在 25℃~30℃的温度下继续放置 24 小时。

4 制作发酵面肥：面粉与 40 克培养基（闻起来应该有轻微的酸味）和 200 毫升温水混合搅拌。将混合物用保鲜膜盖住，室温下放置 18~24 小时。

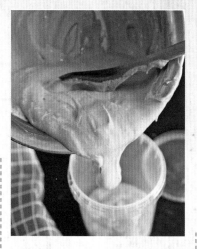

5 剩余的培养基装入塑料盒，放进冰箱冷藏保存，可存放 3~4 个星期。之后再无法使用，需要制作新的培养基。

6 制作发面面包（以黑麦混合面包为例，见第 224 页）：用手动搅拌器的低档功能将发酵面肥与面粉、精盐、酵母和水混合搅拌大约 15 分钟。将面团用保鲜膜盖住，静置大约 30 分钟，使其醒发。

7 在撒有面粉的制作台面上，将面团塑成长条形。将双手上下交叠放到面团上，通过圆圈形滑动先使面团变成球型，然后再做成自己所要的形状。

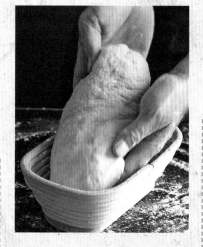

9 将面团从小篮子里倒扣到已加热的烘焙石板上。10 分钟后，将烤箱温度调低至 180℃，烘焙大约 50 分钟，将面包烤至棕色。把面包从烘焙石板上拿下来，放到网架上冷却。

8 在发酵面团的小篮子内稍微撒上面粉，将面团放到里面并用保鲜膜盖住，放置约 1 小时使其醒发，直到其体积膨胀约 30%。将放有烘焙石板的烤箱预热至 250℃。

特别提示

海恩斯·韦伯

专家提示：
制作面包 & 小面包的注意事项

非常松软、酥脆的小面包和具有漂亮痂皮的面包——这些精美的美味给我们的日常生活带来了更多的享受。如果买不到这样的面包，那就自己做！

1

这么多的面团里只放少量的酵母，这种情况下面团会发起来吗？

是的，会发起来！我制作发酵面团的原理十分简单：将少量面团（老面）放入冰箱冷藏，隔夜（8~12小时）醒发，以增加酵母菌的活性。第二天，将老面与其他配料一起揉捏成光滑的面团。在相对较短的面团醒发的2小时期间，温暖的环境下，酵母菌的活性再次得以激发。您可以试验一下，这种松软芳香的面包会激起您的热情。在称量迷你剂量的酵母时，可以借助于电子秤或微量天平。

2

为什么在醒发面团时要盖上保鲜膜？

覆盖住面团十分重要，否则面团会变干，这样面团四周就会形成痂皮，保鲜膜会阻止出现这种情况。面团只需静置1~2小时，不得已时也可以用擦碗巾。尽管如此，还是使用保鲜膜较好，因为它不会吸收面团里的湿气，而擦碗巾却吸收湿气——这样就会使面团变得比较干。

3

如何使制作的面团产生均匀的气孔？

我们的面包师是这样做的：面团醒发之后，我们会用手掌轻轻拍击面团，并将它松松地折叠两次。这样会将面团发酵产生的气体排放出去——面团内形成均匀的气孔，这样就会做出带有气孔的面包。制作意式或法式乡村面包时，情况则正好相反：面包里不均匀的气孔是典型的特征。为了达到这种效果，在面团醒发之后进行加工时，应当尽可能轻柔，这样发酵气体在烘焙面包时才会被排出，从而形成不同大小的气孔。

4 如何为发酵面团制作培养基？如何保存？

培养基是发酵面团的预备阶段。它的制作需要在三天分三个阶段完成。理想的发酵温度是25℃~30℃。乳酸菌和酵母在面粉与水的混合物中需要热量，以使面团发酵膨胀起来，使烤出的面包具有可口的酸味。我会将装有培养基的碗放入温度为30℃的烤箱里，这么低的温度不需要加热烤箱，当打开烤箱灯后，就可以达到这一温度。烤箱灯散热，烤箱内就会变得比较热。三天之后，就会产生足够的乳酸菌和酵母菌——培养基就做好了，可以用它来制作发酵面团了。将一部分的培养基与面粉混合搅拌。从这个面团上取下食谱中标明的制作面包面团所需的用量。若没有耐心亲自制作发酵面团，也可以购买天然发酵面团的成品，一般售卖的是75克小袋包装的液态形式。

5 为什么需要在烤箱里放置盛水器皿？

面包放入烤箱之前，向金属器皿中灌注1茶杯水（约150毫升），这样会产生大量水蒸汽（雾气，见第231页），从而达到在烤箱内保持湿润的效果。这样面包不会立即结出痂皮，因为表面的硬皮会阻止面包在烘焙过程中继续膨胀。蒸汽使面包有时间慢慢形成表皮，以使面包膨胀至最理想的状态。耐高温的铁制或不锈钢器皿最适合较小的盒式模具。金属器皿在预热时就已经放到烤箱底部了。

6 在烘焙石板上进行烘焙有哪些好处？

无论是面包、小面包还是蛋糕——我都喜欢在烘焙石板上进行烘焙（见第10页）。甚至是装在模具里的蛋糕！这样比较好，因为烘焙石板可以均匀散热。这样温度的波动，比如当打开烤箱门时产生的温度变化，就会比较均衡。如果我把面包和小面包直接放到烘焙石板上烤，它们就会结出奇妙的痂皮，面包芯则会蓬松柔软——这正是我们所喜爱的！

8 可以用斯佩尔特小麦面粉来代替普通的小麦面粉吗？

是的，可以。斯佩尔特小麦面粉带有一种轻微的坚果味道，因此，许多面包以及甜味的发酵面团的味道也更加浓郁。只有一点您需要注意：斯佩尔特小麦面粉制作的面团比较干，放置醒发的时间必须长一些，以使面团可以吸收足够的湿气，这样烘焙出的点心才会松软。斯佩尔特小麦面粉制作的面团的揉面时间也不需要像小麦面粉面团的揉面时间那样长。因此，您可以将揉面时间缩短约20%。

吐司面包
Toastbrot mit Sauerteig

忘掉超市里那些味道平常的吐司面包吧！由于使用了发酵面肥，这款自己烘焙的吐司面包具有更芳香的气味。

●●○○

2 个吐司面包，每个 400 克（2 个盒式模具或吐司面包模具，每个长 24 厘米，1.5 升容量）| 每个面包所含热量约 1145 千卡　制作时间：30 分钟　醒发 / 冷却时间：隔夜 +2 小时　烘焙时间：40 分钟

制作老面所需配料

面粉（405 型号）	125 克
酵母	3 克

制作面团所需配料

面粉（550 型号）	375 克
流质的发酵面肥（自制，见第 182 页或者使用成品）	50 克

牛奶	125 毫升
白砂糖	1 满茶匙（8 克）
蛋黄	1 个（中等大小）
蜂蜜或甜菜糖浆	5 克
鲜酵母	5 克
软黄油	40 克
精盐	10 克

其他

用于涂抹模具的黄油
面粉

1 烘焙前一天制作老面：面粉、酵母和 75 毫升冰水混合并揉捏，盖上保鲜膜，放入冰箱隔夜冷藏，使其醒发。

2 烘焙当天制作面团：用手动搅拌器和厨房多功能料理机的低档和面功能将给出的配料、老面和 50 毫升冰水混合在一起，揉捏 10 分钟。然后调至较高档继续揉捏 5 分钟，使其变成光滑的面团。用保鲜膜盖住面团，放置约 1.5 小时，使其醒发。

3 将放有烘焙石板的烤箱预热至 250℃（见第 208 页的提示），烤箱底部放置一个金属器皿。在两个盒式模具内涂抹上黄油。面团分成同等大小的两块，在撒有面粉的制作台面上，分别将两个面团塑成约 25 厘米长的面卷。面卷纵向一分为二，将两半一同拉紧，拧成木塞起子那样的螺旋状，立即放进模具中。用保鲜膜盖住模具，将面包放

置约 30 分钟，使其醒发。

4 将装有面团的模具放到热烘焙石板上，向金属器皿内注入 150 毫升水，烤箱温度调低至 200℃。吐司面包烘焙约 40 分钟后取出，立即倒扣出来并放到网架上冷却。

温馨提示
海恩斯·韦伯

用带有盖子的烤面包模具来烘焙吐司面包，效果非常完美。这样的模具您可以在超市和网店购买。盖子保证了面包的上边不变成拱形，后面切出的面包片也会是完美的长方形。此外，盖子下面的面包没有直接受热，这样面包的表皮会保持柔软。将模具盖子涂抹上黄油，为面团盖上盖子，使其醒发。

斯佩尔特小面包
Dinkel brötchen

闭上眼睛，享受这款特殊的小面包的香气！斯佩尔特小麦面粉赋予了小面包轻微的坚果香味。

●●○○

8 个小面包｜每个所含热量约 160 千卡

制作时间：30 分钟　醒发时间：2 小时 30 分钟　烘焙时间：20 分钟

制作沸水泡发物所需配料

斯佩尔特小麦面粉（630 型号）50 克

制作面团所需配料

斯佩尔特小麦面粉（630 型号）310 克

蛋黄　　　1 个（中等大小）

蜂蜜或甜菜糖浆　　　5 克

人造黄油（可用黄油代替）　7 克

鲜酵母　　　7 克

精盐　　　7 克

其他

面粉

1 制作沸水泡发物：50 毫升水在锅里煮开，将斯佩尔特小麦面粉搅拌进去。然后将锅移开灶台，使混合物冷却。

2 制作面团：在搅拌盆中，用手动搅拌器和厨房多功能料理机的低档和面功能将给出的配料、沸水泡发物和 140 毫升冰水混合在一起，揉捏 10 分钟。然后调至较高档继续揉捏 2 分钟，使其变成光滑的面团。用保鲜膜盖住盆中的面团，放置约 1 小时使其醒发，直到体积膨胀至两倍。

3 在撒有面粉的制作台面上，将面团擀成约 21x21 厘米的正方形面皮。用手掌轻轻拍击面皮或者轻压一下，并松松地折叠两次，以便排出面团发酵所产生的气体（见温馨提示）。

4 将面皮纵向和横向分别切成 7 厘米大小的条形，以便做成 9 个角状小面包。将小面包放到撒有面粉的擦碗巾上，用保鲜膜盖住，放置约 1.5 小时使其醒发，直到体积膨胀至两倍。将放有烘焙石板的烤箱（中层）预热至 240℃（见第 208 页温馨提示）。

5 用尖刀在小面包上呈对角线斜切几刀，然后放到烤箱里的烘焙石板上，烘焙约 20 分钟至金褐色。取出小面包，稍微涂抹少许水，放置到网架上冷却。

温馨提示
海恩斯
韦伯

酵母面团发酵后，用手掌轻轻拍击、轻压并松松地折叠两次，通过这种方法排出部分发酵气体，这对于烘焙出的点心具有好看且又均匀的气孔是很重要的。

188

意式松脆面包棒
Knusprige Grissini

极其松脆是意式面包棒的特别之处。不足为奇，用这种面团也可以烘焙出酥脆的面包。

●○○○

20 根面包棒 ｜ 每根所含热量约 90 千卡

制作时间：30 分钟　醒发时间：隔夜　烘焙时间：30 分钟

制作面团所需配料		其他
面粉（405 型号）　175 克	鲜酵母　　5 克	面粉
面粉（550 型号）　250 克	橄榄油　　15 克	芝麻、小茴香籽、迷迭香（根据个人喜好撒在面包上）
粗粒小麦粉　　75 克	精盐　　12 克	

1 烘焙前一天制作面团：将两种型号的面粉、粗粒小麦粉、酵母、275 毫升冰水、橄榄油和精盐混合，放入搅拌盆中，用手动搅拌器或厨房多功能料理机的低档和面功能揉捏 10 分钟。然后调至较高档，将所有配料继续揉捏 2 分钟，使面团变光滑。把面团放入一个大盆中，盖上保鲜膜，隔夜放置使其醒发。

2 烘焙当天，将放有烘焙石板的烤箱（中层）预热至 220℃（见第 208 页温馨提示）。面团充分揉捏后，放到撒有面粉的制作台面上，擀成 4 毫米厚、18 厘米宽、任意边长的长方形，横着切成大约 20 个长条。将所有的长条放到撒有面粉的制作台面上，用手卷成圆形的小面棒。

3 根据个人喜好，给这些小面棒涂抹少量凉水，撒上芝麻、小茴香籽或者迷迭香。

4 将这些小面棒的二分之一放到烤箱内的热烘焙石板上，或者放到铺有烤箱纸的烤盘上，推入烤箱（中层），烘焙 10~15 分钟至金褐色。取出后使其冷却。剩余二分之一的小面棒以同样的方式进行烘焙。

温馨提示
海恩斯·
韦伯

如果意式面包棒存放较长时间后变得不再松脆，您只需将其放入预热至 200℃ 的烤箱，烘烤 2~3 分钟，吃起来就如同新烤出来的一样。

新鲜出炉的意式面包棒味道简直太美妙了！您可以咯咯作响地只吃面包棒或者配上前餐一起享用。放入铁盒密封保存，可以保鲜 1~2 周。

香浓松脆面包片
Kerniges Knäckebrot

为什么总是要买包装好的面包片？这款自制的香浓松脆面包片，由于添加了谷粒、种子和麦片，成为了一款真正的松脆零食。

●○○○

48 片面包片 | 每片（带有种子和奶酪）所含热量约 90 千卡

制作时间：50 分钟　醒发时间：隔两晚 +1 小时 15 分钟　烘焙时间：1 小时 40 分钟

制作凉水泡发物所需配料

亚麻籽	25 克
粗燕麦片	25 克
葵花籽	25 克
粗磨黑麦粒	25 克
南瓜籽	25 克
芝麻	25 克
精盐	2 克

制作面团所需配料

面粉（550 型号）	500 克
黄油	10 克
鲜酵母	10 克
白砂糖	5 克
精盐	9 克
蛋黄	1 个（中等大小）

用于撒在面包片上的配料

混合种子（亚麻籽、芝麻、葵花籽、南瓜籽；依据个人喜好）　约 200 克

硬奶酪碎屑（艾门塔尔干酪、山地干酪、帕玛森干酪；依据个人喜好）约 200 克

其他

面粉

1 提前两天制作凉水泡发物：将食谱中所述配料与 150 毫升水在盆中混合搅拌。种子和麦片混合物用保鲜膜盖住，置于室温下隔夜或者至少静置 12 小时，使其膨胀起来。

2 第二天制作面团：用手动搅拌器或厨房多功能料理机的低档和面功能将凉水泡发物与食谱中所述配料和 300 毫升水在盆中混合搅拌 10 分钟。然后调至较高档继续搅拌 2 分钟，使面团变得光滑。将面团用保鲜膜盖住，静置约 30 分钟，使其醒发。

3 将面团平均分成四块，每一块轻轻塑成长条形，用保鲜膜松松地缠绕起来（面团会发起来），放入冰箱隔夜冷藏或者至少静置 12 小时，使其醒发。

4 在烘焙当天，在 4 个烤盘内铺上烤箱纸（或者用手头现有的烤盘，另外备好烤箱纸托）。在撒有面粉的制作台面上，分别将 4 块面团擀成烤盘大小的薄面皮，将其放到烤盘或者烤箱纸上，稍

微用水涂抹一下。根据个人喜好，撒上混合种子或者干奶酪碎屑，也可以将它们同时撒到面皮上。

5 将这些面皮用保鲜膜盖住，静置约 45 分钟使其醒发。烤箱预热至 180℃。

6 根据个人喜好，用一把尖刀从面皮上预先切出 12 个长方形（或者将面皮保持完整）。依次将烤盘放入烤箱（中层），烘焙 20~25 分钟至深棕色。将松脆面包片沿着事先切好的痕迹分别掰断，或者也可以随意掰成小块。面包片用盒子包装好存放，3 个月内可保持松脆口感。

192

作为标准的松脆面包片，不仅吃起来口感较好，而且视觉效果也极佳。将其用玻璃纸袋包装，就成为了一份可以送给亲友的特别有人情味的礼物。

温馨提示
海恩斯
韦伯

制作松脆面包片的面团也是制作谷粒小面包的理想面团。将面团揉好以后，放入一个大盆里，用保鲜膜盖住，放置12小时使其醒发。然后，将其揉成12个面球，放到铺有烤箱纸的烤盘上并用水涂抹一下。如同制作松脆面包片时一样，在小面包表面撒上混合种子。放置1小时使其醒发，直到其体积膨胀两倍。烤箱温度240℃，烘焙大约20分钟。

特别提示

海恩斯·韦伯

经典地方特色面包
KLASSIKER REGIONALE HITS

麦麸小面包来自瑞士。它们是用深色的麦麸面粉烘烤而成，这是一种含有谷物外皮成分的小麦面粉。小烤饼是施瓦本地区的特色烧糕（Flammkuchen）。

麦麸小面包

10~12 个小面包 | 每个（烘焙 12 个时）所含热量约 140 千卡

制作时间：30 分钟　醒发时间：隔夜 +3 小时　烘焙时间：20 分钟

制作老面所需配料	制作面团所需配料	
麦麸面粉（可用 1050 型号小麦面粉替代）　100 克	麦麸面粉（可用 1050 型号小麦面粉替代）　150 克	鲜酵母　　　　　　10 克
鲜酵母　　　1 克	小麦面粉（550 型号）　250 克	蜂蜜或甜菜糖浆　　5 克
精盐　　　微量（2 克）	精盐　　　9 克	**其他** 面粉

1 烘焙前一天制作老面：在搅拌盆中将麦麸面粉、100 毫升凉水、酵母和精盐混合搅拌后，盖上保鲜膜，在室温下放置 1 小时使其醒发，然后放入冰箱冷藏过夜。

2 烘焙当天制作面团：将老面与其他配料和 200 毫升凉水用手动搅拌器或厨房多功能料理机的低档和面功能和面 10 分钟。然后调至较高档继续和面 2 分钟，揉出光滑的面团后将其用保鲜膜盖住，放置大约 2 小时使其醒发。

3 将面团分成相同大小的 10~12 份，先将其塑成圆形，再塑成长条形，放到烤箱纸托上。为这些长条形面块撒上面粉后，盖上保鲜膜，在室温下放置约 1 小时使其醒发，直到其体积膨胀至两倍大。将放有烘焙石板的烤箱（中层）预热至 240℃（见第 208 页温馨提示），烤箱底部放置一个金属器皿。

4 将麦麸小面包连同烤箱纸一起放到烤箱内的烘焙石板上，同时将金属器皿注入 150 毫升水。将麦麸小面包烘焙大约 20 分钟至深棕色。

辣味 & 甜味 小烤饼

12 个（6 个辣味，6 个甜味）小烤饼 | 每个（辣味，带有奶酪）所含热量约 275 千卡，每个（甜味）所含热量约 235 千卡　制作时间：45 分钟　醒发时间：隔夜 +3 小时　烘焙时间：6 分钟

制作面团所需配料

麦麸面团（见第 194 页）约 800 克

制作辣味涂层所需配料

酸奶油　150 克 | 鸡蛋　1 个（中等大小）

小麦面粉　1 汤匙 | 精盐 | 胡椒粉

蒜蓉　微量

干酪碎末或熏肉块（根据个人喜好）100 克

剁碎的香草（根据个人喜好）2 茶匙

制作甜味涂层所需配料

苹果	2 个
酸奶油	150 克
白砂糖	2 汤匙
肉桂粉	微量

其他

面粉

1 用所给配料，按照食谱第 194 页步骤 1 和 2 所描述，制作出面团。

2 将面团分成两半，每一半再分成大小相等的 6 块，将其在撒有面粉的制作台面上分别擀成 2~3 毫米厚的圆面饼，放到两张烤箱纸上并用保鲜膜盖住。将放有烘焙石板的烤箱（中层）调至最高档（至少 250℃）进行预热（见第 208 页温馨提示）。

3 制作辣味涂层：将酸奶油与鸡蛋、面粉、精盐、胡椒粉和蒜蓉混合搅拌后，将其涂抹到圆面饼上。根据个人喜好，在上面撒上干酪碎末、熏肉块或者香草。将小面饼放到烤箱内已加热的烘焙石板上，烘焙 2~3 分钟至金黄色。

4 制作甜味涂层：将苹果均分成四块，去皮去核。将四分之一块苹果切成片状。将酸奶油摊到剩余的圆面饼上，摆放上苹果片。白砂糖与肉桂粉混合后，撒到苹果上面。把小圆饼放到烘焙石板上，烘焙 2~3 分钟至金黄色。

温馨提示
海恩斯·韦伯

小烤饼是施瓦本 – 阿雷曼地区的特色美食，它们也被称为施瓦本烧糕。您可以根据自己的兴趣和心情来决定小烤饼的涂层食材。

195

佛卡夏奶酪面包
Focaccia mit Käse

制作这款意大利式面包时，您可以自由发挥创意：圆形的、椭圆形的、有棱角的……完全可以按照自己喜欢的来做。

●●○○

3 个佛卡夏面包，每个约 350 克 | 每个面包（带有奶酪）所含热量约 1075 千卡

制作时间：30 分钟　醒发时间：1 小时 + 隔夜　烘焙时间：30 分钟

制作面团所需配料		软黄油	90 克	其他
凉牛奶	320 克	精盐	12 克	面粉
蜂蜜	3 克	罗勒	1/2 束	用于涂抹的橄榄油
蛋黄	1 个（中等大小）	比萨草	1/2 束	
面粉（550 型号）	550 克	切成小块的马苏里拉干酪（根据个人喜好） 150 克		
鲜酵母	10 克			

1 烘焙前一天制作面团：在搅拌盆中将牛奶与蜂蜜和蛋黄一起搅拌，加入面粉、酵母、黄油以及精盐，用手动搅拌器或厨房多功能料理机的低档和面功能和面 10 分钟。然后，调至较高档继续和面 6 分钟，使面团变光滑。

2 将罗勒和比萨草喷水浇湿，然后抖落掉水分，从茎上摘下叶子并用刀将其剁碎。

3 在撒有面粉的制作台面上，将面团充分揉捏后分成三块，将其涂抹上橄榄油，用保鲜膜盖住，放入冰箱隔夜冷藏，使其醒发。

4 烘焙当天，将放有烘焙石板的烤箱预热至220℃（见第 208 页提示）。将三块面团分别塑成扁平的面饼，用手指按压出凹槽。将面饼放到烤箱里加热的烘焙石板上，烘焙约 18 分钟。

5 将香草撒到面饼表面，根据个人喜好可添加玛苏里拉干酪。继续将面包烘焙 7~10 分钟至浅棕色，取出后放到网架上冷却。

温馨提示
海恩斯·
韦伯

与白面包面团的黏稠度相比，这种面团相对比较稀软，这样很好。意大利面包基本上水分含量较高，因此它们通常会比较扁平，但却非常柔软且蓬松多孔。

佛卡夏面包表面适合添加任意配料：可以是非常经典的橄榄油和精盐，也可以是香草及纯橄榄，还可以是西红柿干和迷迭香。

陶盆奶油杂粮面包

Quarkkornbort im Tontopf

朋友乔迁新居，您可以在暖居聚会时，为他们烘焙这款带陶盆装饰的松软面包。

●●○○

3 个面包，每个约 450 克（3 个无釉陶盆，直径 12 厘米）| 每个面包所含热量约 1305 千卡

制作时间：45 分钟　醒发 / 泡发时间：隔夜 +1 小时 30 分钟　烘焙时间：1 小时

制作老面所需配料

面粉（812 型号）	150 克
精盐	3 克
脱脂炼乳	150 克
鲜酵母	3 克

制作沸水泡发物所需配料

精盐	4 克
粗粒黑麦	200 克

制作面团所需配料

面粉（812 型号）	600 克
黑麦面粉（1150 型号）	50 克
精盐	13 克
鲜酵母	15 克
凉牛奶	约 50 克
核桃仁	80 克

其他

涂抹陶盆的黄油

面粉

用于滚面团的精细黑麦粒

1 烘焙前一天制作老面：在搅拌盆中将面粉、精盐、脱脂炼乳、酵母和 150 毫升水用木制烹饪勺搅拌均匀，将其盖上保鲜膜。先在室温下放置约 1 小时，然后放进冰箱隔夜冷藏，使其醒发。

2 制作沸水泡发物：将 400 毫升水与精盐一起煮开。黑麦粒倒入盆中，浇上煮开的盐水并用木制烹饪勺搅拌，然后将其盖上保鲜膜。最好放入冰箱隔夜冷藏，但至少要在室温下泡发 4 小时。

3 烘焙当天制作面团：将老面和沸水泡发物放入搅拌盆中，再加入两种面粉、精盐、酵母、牛奶和 150 毫升水，用手动搅拌器或厨房多功能料理机的低档和面功能搅拌约 8 分钟。然后，调至较高档继续搅拌大约 3 分钟，将其揉成光滑的面团。将核桃仁砸碎，最后揉入面团中。用保鲜膜盖住面团，放置在室温下醒发约 30 分钟。

4 将陶盆内涂抹上黄油。面团充分揉捏后分成大小相同的三块。将精细的黑麦粒放入盘中，三块面团用水湿润后放入黑麦粒中滚一下，分别装入陶盆里，面团应当只填满陶盆的三分之二。用保鲜膜将其盖住，置于室温下醒发约 1 小时，直到体积膨胀至两倍。

5 烤箱预热至 240℃（热空气回流），底部放一个金属器皿。将面包放入烤箱（向下数第二层），在金属器皿中注入 150 毫升水。将烤箱温度调低至 180℃，面包烘焙 40~60 分钟至深棕色。

温馨提示
海恩斯
韦伯

这款面包我破例用热空气回流进行烘焙，因为陶盆隔热。通过热空气流动，陶盆会很快受热。当然，您也可以将面包依次用烤箱上层 / 下层 250℃ 来进行烘焙。

奶油杂粮面包
Mehrkornbrot mit Quark

这款超级松软的面包是我的家用食谱。泡涨起来的谷物、湿润的炼乳、充足的醒发时间是制作这款面包的秘密所在。

●●○○

2 个面包，每个 900 克 | 每个面包所含热量约 2040 千卡

制作时间：50 分钟　醒发 / 泡发时间：隔夜 +2 小时 45 分钟　烘焙时间：50 分钟

制作凉水泡发物所需配料		制作面团所需配料		其他
碾碎的大麦粒	50 克	面粉（812 型号）	600 克	面粉
燕麦片	50 克	黑麦面粉（1150 型号）	110 克	用于撒在面包上的黑麦面粉
小米	50 克	葵花籽	20 克	（1150 型号）
粗玉米粉	50 克	鲜酵母	25 克	
亚麻籽	50 克	液体发酵面肥（自制，见第 182		
精盐	22 克	页，或成品）180 克		
		葵花籽油	10 克	
		脱脂炼乳	125 克	

1 烘焙前一天制作凉水泡发物：在搅拌盆中将食谱中所述配料与 1/4 升微温的水混合搅拌，然后盖上保鲜膜，放入冰箱隔夜冷藏，泡发至少 8 小时。

2 烘焙当天制作面团：将食谱中所述配料、凉水泡发物和大约 330 毫升冰水混合到一起，用手动搅拌器或厨房多功能料理机的低档和面功能搅拌约 10 分钟。如果有必要的话，再加些水。然后，调至较高档继续搅拌 4~5 分钟，使其揉成光滑的面团。用保鲜膜盖住面团，静置醒发约 2 小时。

3 在撒有面粉的制作台面上，将面团揉一次或两次后，将其分成两半。将面块塑成两个圆面包的形状，假如面团不成形，可以松弛 5 分钟后再重新塑形。

4 将面包放到撒有面粉的擦碗巾上，黑麦面粉用细筛子过筛后，薄薄地撒到面包上，盖上保鲜膜，放置约 45 分钟，使其醒发，直到面包体积膨胀至两倍大。将放有烘焙石板的烤箱（中层）预热至 250℃（见第 208 页温馨提示）。烤箱底部放上一个金属器皿。

5 将面包分别用尖刀横切三次，放到烤箱里的烘焙石板上。金属器皿内注入约 150 毫升水，5 分钟后将烤箱温度调低至 180℃，面包烘焙约 45 分钟至浅棕色。在烘焙时间结束之前，检验一下面包是否烤熟（详见本页温馨提示）。

温馨提示
海恩斯·韦伯

烘焙面包时同样也需要检验是否烤熟：将面包翻过来拿在手上（垫上擦碗巾或戴上烘焙手套），用手指用力敲击面包下部，如果听起来是空空的声音，说明面包已彻底烤熟。

树根面包
Pane rustico

制作过程中，通过扭转面团的方式，使烘焙出的面包芯弹性十足。

●●○○

3 个面包，每个 350 克 | 每个面包所含热量约 700 千卡

制作时间：30 分钟　醒发时间：隔夜　烘焙时间：40 分钟

制作面团所需配料

面粉（550 型号）	500 克
黑麦面粉（1150 型号）	50 克
鲜酵母	5 克
蛋黄	1 个（中等大小）

液体发酵面肥（自制，见第 182 页，或成品）75 克

精盐	14 克

其他

用于涂抹的食用油

面粉

1 烘焙前一天制作面团：在搅拌盆中将食谱中所述配料与 380 毫升冰水混合到一起，用手动搅拌器或厨房多功能料理机的低档和面功能搅拌约 10 分钟。然后，调至较高档继续搅拌约 8 分钟，使其变成光滑的面团。在搅拌盆内壁涂抹上食用油，把面团放进去，用保鲜膜盖住，放入冰箱隔夜冷藏，使其醒发。

2 烘焙当天，将放有烘焙石板的烤箱（中层）预热至 230℃（见第 208 页温馨提示）。把面团从盆中倒扣到撒有面粉的制作台面上，用面团刮片将其分成大致相等的三份。每块面团从相对的两边反方向扭转，以使其形成约 30 厘米长的面棍。

3 将面棍放到烤箱里的烘焙石板上，烘焙 30~40 分钟至深棕色。取出后放到网架上冷却。

温馨提示
海恩斯
韦伯

树根面包是举办烧烤派对的完美食品。我将它纵向一分为二，切面朝下放到烧烤架上烘烤，撒上半个蒜瓣擦出的蒜末或者涂抹上香草黄油。用树根面包搭配辣味的奶酪火腿佐餐，就成了一道热的速食晚餐：100 克酸奶油与 100 克艾门塔尔干酪碎屑、100 克火腿切块、精盐和胡椒粉混合在一起，面包纵向切开，将这些佐餐食物摊到面包上，把半边面包放进已预热至 220℃ 的烤箱（中层），稍加烘烤大约 10 分钟。根据个人喜好，烤好后在面包表面撒上切碎的香草。

完美的树根面包看上去是这样的（如图所示）。此处的"完美"
指的是：面包看起来很独特。在给面团整形时，您完全可以
很放松，这样才可以成功制作出树根面包。

斯佩尔特胡萝卜面包
Dinkel Möhren Brot

这款超级松软的面包虽然是一款全麦面包，但是却相对精细，颜色较浅。这款面包也适合儿童食用，是为孩子们提供的健康饮食。

●●●○

2 个面包，每个约 500 克（2 个固定铝制模具圈，每个直径 18 厘米）| 每个面包所含热量约 975 千卡
制作时间：45 分钟　醒发 / 泡发时间：1 天 +6 小时　烘焙时间：45 分钟

制作发酵面肥所需配料

斯佩尔特全麦面粉　　100 克
培养基（见第 182 页）或液态发酵面肥（成品）50 克
精盐　　　　　　　　2 克

制作沸水泡发物所需配料

斯佩尔特粗面粉　　　100 克

制作面团所需配料

斯佩尔特全麦面粉　　　　250 克
斯佩尔特小麦面粉（630 型号）
50 克
精盐　　　　　　　　8 克
鲜酵母　　　　　　　6 克
胡萝卜　　　　　　　100 克

其他

面粉
粗燕麦片　　约 30 克

1 烘焙前一天制作发酵面肥：在搅拌盆中将面粉、培养基或发酵面肥、精盐和 100 毫升温水混合搅拌，盖上保鲜膜，在室温下放置 24 小时，使其醒发。

2 烘焙当天制作沸水泡发物：将 200 毫升水在锅中煮开，加入斯佩尔特粗面粉进行搅拌。将混合物泡发 3 小时。

3 制作面团：在搅拌盆中将面粉、发酵面肥、沸水泡发物、精盐、酵母和 60 毫升冰水混合在一起，用手动搅拌器或厨房多功能料理机的低档和面功能搅拌约 12 分钟。

4 胡萝卜削皮，用锉刀将其擦成细丝，揉进面团中。用保鲜膜盖住面团，在室温下放置约 2 小时，使其醒发。

5 双手稍微蘸湿，把面团分成相同大小的两块，将其在撒有面粉的制作台面上塑成圆形并用水略涂抹。燕麦片放入盘子里，把面团的上部按进去，在铺有烤箱纸的烤盘上放置两个铝制模具圈，直径分别为 18 厘米。将面团放进铝制模具圈中，用保鲜膜盖住，放置约 1 小时使其醒发，直到其

体积膨胀至两倍大小。将放有烘焙石板的烤箱（中层）预热至 250℃（见第 208 页温馨提示）。

6 将面包涂抹少许水后放到烤箱（中层）内已加热的烘焙石板上，烘焙约 10 分钟。然后，将烤箱温度调低至 190℃，面包烘焙约 35 分钟至棕色。取出后，稍微再涂抹些水（这样面包就会有光泽），再放到网架上冷却。

如果没有铝制模具圈，您也可以用两个长方形盒式模具（24 厘米长）来烤面包。一定要注意，面糊只能填充至模具的二分之一满。

这款全麦面包的优点是极其松软并可长时间保存。前提条件
是：粗磨的谷粒泡发的时间要足够长。

黑麦杂粮面包
Mehrkornbrot mit Roggen

这款面包可长时间保存，含有大量浸湿的粗磨谷粒、麦片和种子。

●●●○

3 个面包，每个 700 克 | 每个面包所含热量约 1785 千卡
制作时间：45 分钟　醒发 / 泡发时间：1 天 + 1 小时 30 分钟　烘焙时间：55 分钟

制作发酵面肥所需配料

培养基（自制，详见第 182 页）或液态发酵面肥（成品）	20 克
黑麦面粉（1150 型号）	200 克

制作凉水泡发物所需配料

粗磨黑麦粒	100 克
燕麦片	50 克
大麦麦片	50 克
细荞麦粒	50 克
小米	50 克
亚麻籽	20 克
精盐	20 克

制作面团所需配料

芝麻	20 克
黑麦面粉（1150 型号）	200 克
小麦面粉（550 型号）	500 克
鲜酵母	20 克

其他

面粉	
葵花籽	约 200 克

1 烘焙前一天制作发酵面肥：在搅拌盆中将培养基与面粉和 160 毫升温水混合搅拌后，盖上保鲜膜，在室温下放置 20~24 小时，使其醒发。

2 制作凉水泡发物：在搅拌盆中将食谱中所述配料与 320 毫升微温的水混合到一起，用保鲜膜盖住混合物，在室温下放置 20~24 小时，使其膨胀。

3 制作面团：将芝麻放入平底锅中炒至金褐色，使其冷却。将面粉、酵母、芝麻、发酵面肥和凉水泡发物在搅拌盆中用手动搅拌器或厨房多功能料理机的低档和面功能搅拌大约 10 分钟。然后调至较高档继续搅拌约 2 分钟。如果面团仍太软，就拌入少许面粉。将面团用保鲜膜盖住，使其醒发约 30 分钟。

4 将面团分成大小相同的三块，将其在撒有面粉的制作台面上塑成圆形。葵花籽放入盘子里，面球涂抹上水，在葵花籽中滚一下。面包用保鲜膜盖住，在室温下放置 1 小时使其醒发，直到其体积膨胀至两倍大。将放有烘焙石板的烤箱（中层）预热至 250℃（见温馨提示）。在烤箱下层放入一个深烤盘。

5 根据个人喜好，将面包用尖刀切开，放到烤箱内的烘焙石板上。烤盘里注入约 150 毫升水，10 分钟后将烤箱温度调低至 180℃，面包烘焙约 45 分钟至深棕色。取出后放到网架上冷却。

温馨提示
海恩斯
韦伯

如果没有烘焙石板，您可以在铺有烤箱纸的烤盘上烘焙这款面包。先预热烤箱，再将烤盘上的面包推进烤箱。

尽管是浅色的面粉，但却是营养丰富又健康的全麦食品，您可以用这款香味浓郁的面包来说服那些总是抱怨全麦食品味道单一的人。

谷粒小面包
Korn körbchen

这种多孔的黑麦面团因放在漂亮的木制小篮子里而成形并得到支撑，在网店您可以买到这样的小篮子。

●●●●○

2 个面包，每个 600 克（2 个木制小篮子，长 15 厘米）| 每个面包所含热量约 1425 千卡
制作时间：50 分钟　醒发/泡发时间：隔夜 + 5 小时　烘焙时间：1 小时 10 分钟

制作凉水泡发物所需配料

大麦粒	25 克
燕麦片	25 克
小米	25 克
粗玉米粉	25 克
亚麻籽	25 克
南瓜籽	75 克
精盐	10 克

制作沸水泡发物所需配料

精盐	
粗黑麦粒	50 克

制作面团所需配料

黑麦面粉（1150 型号）	175 克
小麦面粉（550 型号）	25 克
鲜酵母	6 克
液态发酵面肥（自制，见第 182 页，或成品）	200 克

其他

涂抹模具的黄油
葵花籽　100 克

1 烘焙前一天制作凉水泡发物：在搅拌盆中将食谱中所给出的配料与 300 毫升微温的水混合搅拌后，用保鲜膜盖住混合物，放入冰箱冷藏过夜，时间至少需要 8 小时，使其泡发膨胀。

2 烘焙当天制作沸水泡发物：100 毫升水与微量精盐一起煮开，在搅拌盆中将粗粒谷物与水混合在一起，用保鲜膜盖住，放置至少 3 小时，使其泡涨。

3 制作面团：在搅拌盆中将食谱中所给出的配料、50 毫升冰水、凉水泡发物和沸水泡发物用手动搅拌器或厨房多功能料理机低档和面功能搅拌大约 15 分钟，使其变成非常稀软的面团。用保鲜膜盖住面团，静置 1 小时，使其醒发。

4 在两个木制小篮子（15×10 厘米）内铺上烤箱纸，面团分成两半。在撒有面粉的制作台面上，先将每块面团塑成圆形，然后再塑成长条形。

5 把葵花籽放到盘子里，面团涂抹上水，在葵花籽中滚一下，放入小篮子里。用保鲜膜盖住，放置大约 1 小时使其醒发，直到面团的体积膨胀至两倍大。将放有烘焙石板的烤箱（中层）预热至 250℃（见第 208 页温馨提示）。在烤箱底部放入一个金属器皿。

6 将面包放到烤箱里加热的烘焙石板上，金属器皿内注入约 150 毫升水。10 分钟后将烤箱温度调低至 180℃，面包烘焙约 1 小时至深棕色。取出后在小篮子中冷却。

当然，您也可以用两个 15 厘米长或者一个 24 厘米长的盒式模具来烘焙此款面包。事先将模具涂抹上黄油。使用较大模具烘焙时，烘焙时间相应延长大约 10 分钟。

粗粒黑麦面包
Roggenschrot brot

面包没有干硬的表皮？带盖子的烘焙模具使之成为可能。在低温下，面包慢慢被烤熟。

●●●○

1 个 1 公斤重的面包（1 个带盖子的面包烘焙模具，长 21 厘米）| 每个面包所含热量约 1655 千卡

制作时间：1 小时 30 分钟　醒发 / 泡发时间：1 天 + 4 小时　烘焙时间：5 小时

制作发酵面肥所需配料		制作面团所需配料		其他
粗黑麦粒	150 克	细黑麦粒	125 克	面粉
培养基（自制，见第 182 页）		细小麦粒	75 克	涂抹模具的黄油
或液态发酵面肥（成品）25 克		黑麦面粉（1150 型号）	25 克	
		鲜酵母	5 克	
制作沸水泡发物所需配料		精盐	6 克	
粗黑麦粒	150 克	甜菜糖浆或蜂蜜	10 克	

1 烘焙前一天制作发酵面肥：在搅拌盆中将粗粒谷物与 120 毫升温水和培养基混合搅拌后，用保鲜膜盖住混合物，在室温下至少放置 18 小时，使其醒发。

2 烘焙当天制作沸水泡发物：150 毫升水在锅中煮开，在搅拌盆中将粗粒谷物与水混合到一起，用保鲜膜盖住，放置约 3 小时，使其泡涨。

3 制作面团：将食谱中所给出的配料、发酵面肥、沸水泡发物和 90 毫升冰水混合到一起，用手动搅拌器或厨房多功能料理机的低档和面功能搅拌40~60 分钟，直至面团变得稍微黏稠。用保鲜膜盖住面团，静置大约 30 分钟，使其醒发。

4 将放有烘焙石板的烤箱（中层）预热至 150℃（见第 208 页温馨提示）。面包模具内和盖子内涂抹上黄油，将面团摊平放入其中（最多填充至模具的三分之二处），表面用湿刮刀抹平。盖上盖子，使面团醒发大约 30 分钟，直至其体积增

大约 20% 左右。

5 在一个大的烘焙容器内注入约 2 厘米深的水，将盖上盖子的面包模具放入其中，把容器放到烤箱内的烘焙石板上。烤箱温度调低至 110℃，面包烘焙约 5 小时。然后从烤箱里取出面包，在模具中使其冷却。

温馨提示
海恩斯·
韦伯

如果没有面包烘焙模具，您也可以用一个普通的盒式模具来烘焙结有疵皮的黑麦面包。将模具放入已预热至 250℃ 的烤箱（中层），10 分钟后将烤箱温度调低至 200℃。烘焙时间共计 1 小时。

在封闭的模具中缓慢烘焙：此款面包在一周之后吃起来依然
新鲜松软。最好放入面包盒中保存。

经典施瓦本特色面包
KLASSIKER URSCHWÄBISCHES

很早以前，人们都希望用少量的面做出更多的面包。顺便提一下，"心灵"面包棒和圆面包都是用同一种湿面团制成的。

"心灵"面包棒

6个面包棒 | 每个所含热量约305千卡

制作时间：45分钟　醒发时间：隔夜 +4 小时　烘焙时间：25分钟

制作老面所需配料

面粉（550型号）	75克
鲜酵母	1克

制作面团所需配料

小麦面粉（550型号）	400克
黑麦面粉（1150型号）	25克

冰镇啤酒（如：小麦啤酒或白啤酒） 150毫升
酵母 7克 | 精盐 11克
液态发酵面肥（自制，见第182/183页或成品） 25克

其他

涂抹模具的食用油
用于撒在面包上的粗盐
用于撒在面包上的小茴香籽

1 烘焙前一天制作老面：将面粉、酵母和75毫升凉水混合搅拌，将混合物用保鲜膜盖住，放入冰箱隔夜冷藏，使其醒发。加入面粉、酵母、黄油以及精盐，用手动搅拌器或厨房多功能料理机的低档和面功能搅拌10分钟。然后，调至较高档继续揉面6分钟，使面团变光滑。

2 烘焙当天制作面团：用手动搅拌器和厨房多功能料理机的低档和面功能将食谱中给出的配料、125毫升冰水和老面混合搅拌约10分钟。然后调至较高档继续揉捏10分钟，使其变成光滑的面团。将面团装入涂抹了食用油的大模具中并压平（至少5厘米高）。用保鲜膜盖住，放置约4小时，使其醒发。

3 将放有烘焙石板的烤箱（中层）预热至240℃（见第208页温馨提示）。制作台面用水湿润一下，把面团倒扣在上面。用蘸湿的手的边缘将其分成6个长形面块，放到烤箱纸上，撒上精盐和小茴香籽。

4 将面包棒连同烤箱纸一起放到烤箱内已加热的烘焙石板上，烘焙约25分钟至金黄色。

圆面包

14 个圆面包 | 每个所含热量约 260 千卡

制作时间：45 分钟　醒发时间：隔夜 + 4 小时　烘焙时间：25 分钟

制作老面所需配料

小麦面粉（550 型号）　150 克
鲜酵母　　　　　　　　1 克

制作面团所需配料

小麦面粉（550 型号）　　800 克
黑麦面粉（1150 型号）　　50 克
冰镇啤酒（如：小麦啤酒或白啤
酒）300 毫升
酵母 15 克 | 精盐 22 克
液态发酵面肥（自制，见第
182/183 页）或成品　50 克

其他

用于涂抹模具的食用油

1 制作老面：面粉、酵母与 75 毫升凉水混合搅拌，用保鲜膜盖住混合物，放入冰箱冷藏过夜，使其醒发。

2 制作面团：将食谱中所给出的配料、125 毫升冰水和老面用手动搅拌器或厨房多功能料理机的低档和面功能搅拌约 10 分钟，然后调至较高档继续搅拌 10 分钟，使其变成光滑的面团。将面团装入涂抹过油的大模具中并压平（至少 5 厘米高）。用保鲜膜盖住模具，放置约 4 小时，使其醒发。

3 将放有烘焙石板的烤箱（中层）预热至240℃（见第 208 页温馨提示）。把面团倒扣在喷洒了水的制作台面上，用稍微湿润的双手将面团分成 9 份，每份约 100 克。将其卷绕成球形后，放到烤箱纸上。

4 将圆面包连同烤箱纸一起放到烤箱内加热的烘焙石板上，烘焙约 25 分钟至浅棕色。

温馨提示
海恩斯
韦伯

如同制作"心灵"面包棒一样，在制作圆面包时，没有必要在面团醒发后，为了产生均匀的小气孔而轻轻拍击。与之相反，杂乱无章的气孔正是这种独特的圆面包和"心灵"面包棒的标识。

碱水 8 字形扭结面包

碱水 8 字形扭结面包几乎在全世界都广受欢迎——原始的创意总是被不断发展成为意想不到的新品。来自施瓦本地区的这种厚而软糯、薄而松脆的碱水 8 字形扭结面包已具有百年的传统。

碱水 8 字形扭结面包
Laugen Brezeln

●●●○

8 个面包 | 每个所含热量约 165 千卡

制作时间：1 小时　醒发时间：隔夜 + 2 小时 25 分钟　烘焙时间：14 分钟

制作老面所需配料

面粉（550 型号）	70 克
鲜酵母	1 克

制作面团所需配料

面粉（550 型号）	250 克
凉水	40 毫升
凉牛奶	60 毫升
黄油	10 克
人造黄油	10 克

鲜酵母	10 克
精盐	6 克
蜂蜜	1 茶匙
蛋黄	1 个（中等大小）

配制碱水所需用料

水	1 升
小苏打（超市购买）	100 克

其他

面粉
用于撒在面包上的粗粒盐

1　制作老面：在搅拌盆中将面粉、酵母和 60 毫升水一起揉捏。揉好的老面用保鲜膜盖住，放入冰箱隔夜冷藏，使其醒发。

2　制作面团：在搅拌盆中将食谱中所给出的配料、40 毫升冰水和老面混合在一起，用手动搅拌器或厨房多功能料理机的低档和面功能搅拌约 10 分钟，然后调至较高档继续搅拌 4 分钟，使其变成光滑的面团。如果有必要，再添加一些水。将揉好的面团用保鲜膜盖住，静置大约 1 小时，直到面团稍微发起来。

3　在撒有面粉的制作台面上，双手用力充分揉捏面团，然后用保鲜膜盖住，放置约 30 分钟使其醒发，直到面团再次发起来。

4　将面团分成相同大小的 8 块，在撒有面粉的制作台面上，先将其塑成圆形，然后揉成 15 厘米长的绳子形状。如果面团在塑形过程中不成形甚至断裂，只需将其静置松弛几分钟即可，在此期间，继续制作另外一个。将做好的面绳用保鲜膜盖住，静置 5 分钟使其醒发。

5　随后将面绳揉至大约 30 厘米长，两端只有中间的一半厚度。将面绳以马蹄铁的形状，两端朝下放到制作台面上。将两端在下面三分之一处互相扭两次，以使右端仍位于右边、左端仍位于左边。将面绳两端向上，在隆起处的前面，将两端压到面团里。把 8 字形扭结面包放到烤箱纸上，用保鲜膜盖住，放置约 30 分钟，直到其体积膨胀至两倍大。

6　最好将 8 字形扭结面包放入冰箱冷冻室里（或者温度非常低的冷藏箱里）20 分钟，令其几乎冻结，至少要变得相当硬。将放有烘焙石板的烤箱（中层）预热至 240℃（见第 208 页温馨提示）。

7　配制碱水：盆中放入 1 升水，加入小苏打进行搅拌，直到小苏打完全溶解。如果有必要，稍微加热一下再冷却。用漏勺将 8 字形扭结面包依次浸入碱水中，捞出后沥干，放到两张烤箱纸上。

8　用尖刀将 8 字形扭结面包在最厚的地方纵向切开并撒上盐，随后将放在第一张烤箱纸上的面包，放到烤箱里加热的烘焙石板上，烘焙 10~14 分钟至棕色。剩余部分的面包以同样的方式进行烘焙。

此烘焙食谱中的少量人造黄油确实很重要。因为与黄油相比，人造黄油（乳化）能更好地将面粉、水和油脂相互融合到一起。极少量的人造黄油在口味上也不会有太大的影响。

温馨提示
海恩斯·韦伯

变换花样

用于制作 8 字形扭结面包的面团，您也可以用来烘焙奶酪辫子面包或打结面包。制作时，将步骤 4 中塑成的 15 厘米长的面绳两端擀得比较薄一些，呈马蹄铁形放到制作台面上。将面绳的两端从中间厚的部分开始松松地缠绕几次，末端交叠轻轻压在一起。您也可以选择将面绳松松地缠绕打结。

如制作碱水 8 字形扭结面包一样，将辫子面包用保鲜膜盖住，醒发 30 分钟。放入冰箱冷冻 20 分钟，使其变硬。然后浸入碱水中，放到烤箱纸上。将 150 克艾门塔尔干酪碎屑撒到辫子面包上，如烘焙 8 字形扭结面包一样，在烤箱温度达到 240℃时，将辫子面包放到烘焙石板上，烘焙 10~12 分钟。

农舍面包
Genetztes Bauernbrot

这款面包证明了即使是清一色的不添加其他辅料的面包也可以长时间保持新鲜。面团有大量时间吸收水分。

●●○○

2 个面包，每个 500 克 | 每个面包所含热量约 950 千卡

制作时间：45 分钟　醒发时间：隔夜 +40 分钟　烘焙时间：50 分钟

制作面团所需配料

小麦面粉（812 型号）225 克
小麦面粉（1050 型号）225 克
黑麦面粉（1150 型号）50 克
鲜酵母　　　　　8 克

鸡蛋　　　1 个（中等大小）
液态发酵面肥（自制，见第 182/183 页，或成品）75 克
精盐　　　　　　12 克

其他

涂抹大盆用的食用油
面粉

1 烘焙前一天制作面团：在搅拌盆中将食谱中所给出的配料与 380 毫升冰水混合到一起，用手动搅拌器或厨房多功能料理机的低档和面功能搅拌约 10 分钟，然后调至较高档继续揉面 8 分钟，使其变成光滑的面团。

2 将一个大盆内壁涂抹上食用油，将面团放入其中，盖上保鲜膜，放入冰箱隔夜冷藏，使其醒发。

3 烘焙当天将放有烘焙石板的烤箱（中层）预热至 240℃（见第 208 页温馨提示），烤箱底部放一个金属器皿。将面团倒扣在撒有面粉的制作台面上，将其松松地折叠两次，盖上保鲜膜后放置 30 分钟，使其醒发。

4 将面团分成相同大小的两块，用轻微蘸湿的双手将每块面团塑成圆形（不要在制作台面上一起揉）。分别将两个面球紧密地并排放到微湿的托盘或烤盘上，为面球涂抹少许水，静置 5~10 分钟，使其醒发。

5 将面团放到烤箱内加热的烘焙石板上，金属器皿内注入约 150 毫升水。10 分钟后将烤箱温度调低至 180℃。面包烘焙约 40 分钟至深棕色。

6 从烤箱里取出面包，稍微涂抹些水（这样会有光泽），放置到网架上冷却。

温馨提示
海恩斯·韦伯

如果您有面包盒或陶盆，最好将农舍面包存放在其中。您也可以将其保存在冷冻袋里，这样面包芯会保持湿润。唯一不足之处是：面包表皮会变软。

黑麦混合面包
Roggenmisch brot

发酵面肥是制作此款面包的亮点。很明显，它决定着这款湿软的微孔面包的芳香气味。

●●●○

2 个面包，每个 600 克 | 每个面包所含热量约 825 千卡

制作时间：45 分钟　醒发时间：1 天 + 1 小时 30 分钟　烘焙时间：1 小时

制作面团所需配料		其他
黑麦面粉（1150 型号）	375 克	用于制作和撒在篮子里的面粉
小麦面粉（812 型号）	200 克	
精盐	15 克	
鲜酵母	7 克	

1 烘焙前一天制作发酵面肥：在搅拌盆中将培养基、面粉和 100 毫升温水用木制烹饪勺混合搅拌。将混合物用保鲜膜盖住，室温下放置 18~24 小时，使其醒发。

2 烘焙当天制作面团：在搅拌盆中将食谱中所给配料、发酵面肥和 350 毫升温水混合到一起，用手动搅拌器或厨房多功能料理机的低档和面功能搅拌约 15 分钟。如果有必要，再添加少量水。将揉好的面团用保鲜膜盖住，静置大约 30 分钟，使其醒发。

3 在两个发酵面团用的小篮子内撒上面粉。面团分成相同大小的两块，将其在撒有面粉的制作台面上塑成长条形。把面团放入小篮子里并用保鲜膜盖上，放置约 1 小时使其醒发。

4 将放有烘焙石板的烤箱（中层）预热至 250℃（见第 208 页温馨提示）。将面团从小篮子里倒扣到烤箱内加热的烘焙石板上。10 分钟后将烤箱温度调低至 180℃，面包烘焙约 50 分钟至深棕色。从烤箱内取出面包，放置到网架上冷却。

变换花样

用同样的面团您也可以制作深色的拖鞋面包。如食谱中步骤 1 和 2 所述制作出面团。然后，将其放到涂有橄榄油的模具中醒发大约 2 小时。将放有烘焙石板的烤箱（中层）预热至 230℃。把面团倒扣在撒有面粉的制作台面上，用面团刮刀挖出 4 个长形面块，在面块表面撒上面粉，放到烤箱内加热的烘焙石板上，烘焙大约 30 分钟至棕色，使面包变得松脆。

如果用等量的斯佩尔特小麦面粉来代替普通的小麦面粉，烤出的面包就会带有一股淡淡的坚果香味。

致谢

好事多磨，这一点我在父母的面包坊中当学徒时就已经体会到了。但是，所需要的还有更多，如信任、鼓励和自由的创作空间。我的父母给予了我这一切。令人遗憾的是，我的父亲汉斯－于尔根·韦伯过早离开了人世。谨以此书献给他作为感谢。我的母亲，至今仍和我一起经营我们的面包坊。他们两人将父母能够给予孩子的最宝贵的东西都传授给了我——放开手脚，自由发展。不仅在生活中，而且在烘焙中都是如此，这一始终追求的无极限的愿望就是——品质。

烘焙术语

培养基（发酵面肥的附加物）

这是人们对发酵面肥中细菌和酵母菌"培养基"的称呼。这一附加物可以自己培植，也可以购买液态的成品，在急用的情况下还可以购买小袋包装的干性成品。

蛋白酥皮

这是一种由干性发泡蛋白和白砂糖组成的泡沫糊，在烤箱低温时比烘焙时更干燥。蛋白酥皮常用于制作水果蛋糕的顶层装饰。

死面

黄油鸡蛋面团醒发后，如果揉面的时间过长，就会变成死面。面团中所含的黄油融化后，从面中分离出来，最终在擀面时就会破裂。

沸水泡发物

如果人们直接将粗粒谷物、种子或谷种揉进面包或小面包的面团里，它们就会从中吸收水分，这样烘焙出的面包就会变得非常硬。所以，人们提前将这些配料浇上开水，使其泡发几小时，即吸收水分。如果浇注时使用凉水，那就不叫沸水泡发物，而叫凉水泡发物。这种情况下，人们通常会让谷粒或粗粒谷物混合物泡发一晚上（过夜），因为它们吸收水分需要持续很长时间。选用哪种泡发方式，应当取决于谷粒的软硬度以及配方所给出时间的多少。

焯水

水果或杏仁放入沸水中烫几秒钟，以使它们的表皮松动。接下来就可以用刀尖将水果皮去除掉。杏仁的薄皮只需用手去掉即可。

荞麦

荞麦是一种蓼属植物的带有芳香气味的种子。从植物学角度看，它不属于粮食作物。它主要用于全价值饮食、面食、烘烤食品或煎炸素食。也有磨成粗粒（去皮，碾成粗粒）或细粒的荞麦。

分离鸡蛋

要将蛋清和蛋黄分开搅拌，必须提前将二者分离。也就是说，蛋清里不能含有蛋黄的痕迹。蛋黄里所含的油脂会阻止蛋清打发成漂亮的硬性蛋白。分离鸡蛋时可以这样操作：将鸡蛋在碗边磕破，在碗的上方小心翼翼地将鸡蛋壳的两半分开，与此同时，已经有部分蛋清流入碗中。然后，稍微倾斜地拿着两个鸡蛋壳，小心翼翼地让蛋黄从一半蛋壳滑进另一半蛋壳里，同时将余下的蛋清倒入碗里。

打发蛋白

蛋白并非都是一样的蛋白，可以是乳状蛋白霜（湿性发泡蛋白）或者是硬性蛋白（干性发泡蛋白）。乳状蛋白霜更易于拌入其他糊状物中，比如拌入制作海绵蛋糕的蛋黄糊中。硬性蛋白适用于制作蛋白脆饼。这样打发蛋白：将蛋清放入无油的碗中或高搅拌杯里。打发乳状蛋白霜时，将所有需要的白砂糖一次性加入。打发硬性蛋白则需要逐渐加入白砂糖。用手动搅拌器先慢速然后越来越快进行搅拌，尽可能将更多的空气搅入糊状物中，直到蛋白不再从搅拌器上滴落下来。打发好的蛋白要尽快加工，确切地说，在短时间应将蛋白冷藏放置。

检验面包是否烤熟的方法

当面包烘烤好之后，在其表面敲击时会发出空空的声音。将面包（戴上烤箱手套！）从烤箱中取出，用手指在下部敲击（如同敲门），如果发出空空的声音，说明面包已烤熟。

检验蛋糕是否烤熟的方法

在烘焙时间快要结束时，可以用弹性检验方法来检验一下蛋糕是否已经烤熟。如果蛋糕像弹力跳床一样具有弹性，说明蛋糕已烤好或几乎烤好。然后用餐刀检验的方法（也称为筷子检验方法）：将餐刀或筷子深深插入蛋糕中间，再抽出来。如果餐刀或筷子不粘有湿面糊，而是在任何情况下都是干燥的碎屑，那就说明蛋糕已烤熟，可以从烤箱中取出蛋糕了。

甘纳许巧克力奶油 (CANACHE)

这种由巧克力和鲜奶油组成的柔滑巧克力奶油，是烘焙作坊里不可缺少的蛋糕馅料或涂层。它是这样制作的：在煮开的奶油中融化巧克力块（白巧克力、纯牛奶巧克力或者黑巧克力）并冷却混合物。巧克力奶油在冷却时是凝固还是保持液态，要视混合物的比例而定。冷却时会变硬的甘纳许巧克力奶油，需要在微温的状态下涂抹到蛋糕上。保持液态的巧克力奶油，则用手动搅拌器或厨房多功能料理机将其搅打成发泡奶油。

碾碎的大麦粒

它是把大麦谷粒去壳后碾成碎粒制成的。泡发后的大麦粒使杂粮面包的组成更加丰富。当然，它也丰富了麦片和全价值食物。大麦是一种古老而又常见的人工栽培植物，早已成为人类祖先的粮食作物。

食用明胶

这种无色无味的增稠剂来源于动物，有片状和粉末状的。无论是片状还是粉末状的食用明胶，都需在使用前用凉水浸泡约 10 分钟，在少量热水中溶解，拌入需要增稠的糊状物中。泡软的食用明胶也可以直接在热奶油或水果糊中溶解。食用明胶在完全冷却之后才会凝结，起到增稠黏合作用。在加工处理时请您注意包装上的使用说明。

鹿角盐

这种膨松剂的主要成分是碳酸氢铵。它主要用于干硬的面团，如德式姜饼面团或坚果黄油鸡蛋面团（见第 42 页林茨蛋糕）。鹿角盐只要与水接触，就会释放出气体，这会使烘焙出的糕点具有很多小气孔，也因此而变得松软。鹿角盐应当密封保存，长时间与氧气接触会分解，将无法再使用。

制作焦糖

砂糖融化、变成棕色、直到变成所希望的颜色——从浅黄色到棕色，其过程被称为"焦糖化"。制作：将白砂糖均匀地摊在宽敞的锅中，中温使其融化，不搅拌，直到白砂糖变成所希望的颜色。将锅从灶台移开，最好放置在凉水中，这样可以避免锅中储存的热量使焦糖继续变色，从而使其变苦。焦糖具有浓郁的芳香气味，赋予奶油和佛罗伦萨苹果蛋糕面糊（见第 24 页）一股特殊的香味。因为融化了的糖会很快凝固，所以人们用它在甜点上"结网"来装饰糕点（见第 150 页）。

坚果糖

融化了的焦糖与杏仁或其他坚果一起形成的酥脆

结合物被称为坚果糖。捣碎或砸碎的坚果糖是一种很受欢迎的点心和蛋糕装饰品。

糕点芯（面包芯）

在烘焙术语中，人们把蓬松柔软的糕点内部称为糕点芯（面包芯），尤其指被面包表皮（见面包皮）所覆盖的面包芯。

糕点表皮（面包皮）

人们把糕点外表的厚皮称作糕点表皮，尤其指面包皮。

巧克力块

这种固体物是由可可脂、可可块和白砂糖三部分组成的，三者在奢华的生产过程中被完美地结合在一起。为了不让可可脂在巧克力块融化过程中从其他配料中分离出来，巧克力融化的温度无论如何不能太高：黑巧克力块在融化时的最高温度应当是50℃；纯牛奶巧克力最高融化温度则为40℃；白巧克力的耐热度最低，加热温度不应超过38℃。如果点心或蛋糕的巧克力涂层泛着微光，那么它就是完美的。巧克力涂层出现灰色的裂痕，是巧克力在融化时过热的标志。但是别担心，这种外观缺陷并不会影响其口味。

巧克力的恒温处理（接种）

巧克力融化、冷却、再加热，以达到理想的加工温度——这种方法被为恒温处理。将巧克力砸成碎块后，取其三分之二装进金属碗中，放入热水蒸锅中（见水浴，热水）融化。从蒸锅中取出金属碗，将融化巧克力的三分之一倒入第二个金属碗中，放置降温。把剩余部分的巧克力碎块逐份加入到其余的融化巧克力中并进行搅拌，直到碎块融化。然后掺入已降温的巧克力进行搅拌。这种恒温处理方法被称为"接种"。

杏仁去皮

为了去掉杏仁紧致的棕色外皮，可以将其放入开水中烫1分钟。沥水以后，就可以轻松地用手指去掉杏仁的薄皮。

炒杏仁

杏仁和其他坚果在使用之前炒一下，香味会更加浓郁——无论是完整的、刨成薄片的还是磨成粉末的杏仁。将其放入镀层平底锅（不加油）以中温翻炒，直至散发出香味。

擀杏仁泥

为了使杏仁泥变得干燥些，要先将其与糖粉揉到一起，然后在一光滑平面（石头或不锈钢制作台面）上、树脂垫上或两层烤箱纸之间将其擀平。擀面杖和制作台面都应当撒上糖粉，以防止杏仁泥粘住。加工时若使用树脂垫和树脂擀面杖或者烤箱纸，就不必撒糖粉了。放置在一旁的擀面杖可以帮忙，将擀好的杏仁泥平板松松地放到擀面杖上，然后放在蛋糕上面并将其压紧。把有可能产生气泡的地方挑破，排出里面的气体。

小苏打

这种粉末状的膨松剂通常用于制作面团。面团里含有以牛奶或酸奶形式存在的乳酸菌，为了使小苏打释放出二氧化碳，为了使烘焙出的糕点更加蓬松，乳酸菌是必不可少的。小苏打可用泡打粉来代替。泡打粉中已含有乳酸菌。此外，小苏打还用于配制碱水，它赋予了碱水类的糕点如碱水8字形扭结面包光滑、棕色的表层以及独一无二的口味。小苏打的化学名称是碳酸氢钠。

牛轧糖

制作牛轧糖是将炒过的榛子或杏仁与白砂糖和可

可脂混合到一起，做成香味浓郁的、可切片的、柔软温润的块状。这种奢华的工艺方法中，特殊轧制这一工序是必不可少的，所以牛轧糖无法在家中制作。浅色和深色的榛子牛轧糖和杏仁牛轧糖，还有苦杏仁牛轧糖，在网店都有售。

准备红西芹

红西芹在食用前，首先要剪掉叶子和下面的根茎，然后用小刀将红西芹的薄皮完全削掉，再将其切成小块。如果里面还有粗纤维，也一并去掉。

麦麸面粉

这种由小麦或斯佩尔特小麦制成的面粉主要在瑞士和博登湖地区广为流传。麦麸面粉的谷物表皮含量高，因此也含有大量蛋白、矿物质和维生素。其味道比小麦面粉的味道更加香浓，烘焙出来的食物颜色较深。按照粉碎度来划分，麦麸面粉大致相当于德国的 1050 型号或者奥地利的 W1600 型号。

打发奶油

生奶油（30% 的脂肪含量）冷藏后最易于打发。将其装入搅拌杯中，用手动搅拌器的高档位进行搅拌。但要注意：奶油搅拌的时间过长，油脂会黏在一起变成固体的牛油。

粗粒谷物

粗粒谷物是经过粗磨的谷物，从中可以清晰辨认其谷物成分。所有种类的谷物都可以磨成粗粒谷物，但是在商品丰富的超市里通常也只能买到粗粒小麦和粗粒黑麦。

汽蒸（用水蒸气烘焙）

在烘焙面包和发面糕点时，专家的窍门是极其简单的：预热时在烤箱内放一个铁质或不锈钢器皿，当把面包放进烤箱时，在器皿内注水。烤箱里的水蒸气使面包表皮在烘焙过程中长时间保持湿润，以使面包保持弹性。这样在面团膨胀起来时，表皮也不会破裂。

淀粉

烘焙时，经常会用淀粉来代替一部分面粉。与水接触时，淀粉会黏合，也就是说，淀粉变得黏糊糊的，能很好地与其他配料黏合在一起。使用淀粉制作出来的糕点，表皮比较细腻（见糕点表皮）。在超市里既可以买到玉米淀粉，又可以买到马铃薯淀粉，两者都很适合烘焙。

糖粉奶油细末

这种由黄油、面粉和白砂糖组成的碎屑形式的涂层，可以通过下面的方法获得：用手将所有配料混合到一起，直到形成细碎的小面粒。最终将这种糖粉奶油细末撒在发酵面团糕点上一起烘焙。

擀面杖

擀面杖可以保证将面团和杏仁泥擀成均匀的厚度。人们把它放在面团旁边，以使擀面杖总是与制作台面保持固定的距离。面团只能擀成小擀面杖所允许的那样薄。擀面杖具有不同强度和材质。

弹性检验法

这是一种检验蛋糕或面包是否烤熟的方法：用一个手指按压面团——如果形成的浅窝又弹回来，说明蛋糕已烤好或几乎烤好（见检验蛋糕是否烤熟的方法）。

刮出香草籽

为了得到香草籽，需用尖刀将香草荚纵向剖开，用刀背从两个半荚里刮出香草籽。如烘焙食谱中所述，使用香草籽和香草荚。如果香草荚在烘焙中派不上用场，则可以用来制作香草糖。直接将刮出香草籽后留下的香草荚与大量白砂糖一起放在研钵中捣碎或者研磨。

老面

酵母、一小部分面粉和液体混合搅拌而形成的一种相对湿软的小面团被称为老面。这种面团要醒发一定时间，这期间酵母菌会繁殖增多。接着，将老面与剩余配料揉到一起，做成主要面团。在这两个阶段制作发酵面团被称为"间接制作面团"。

水浴（热水）

受热敏感的配料放置到热水蒸锅中受热、融化，或者用打蛋器搅拌成乳状或泡沫状。烘焙时人们会在热水蒸锅中融化巧克力或者搅拌蛋液。进行水浴要选择宽敞的平底锅，上面需要放置一个导热的搅拌碗（金属或玻璃材质），其与锅底有足够的距离。锅内添加几指宽深度的水并烧开。搅拌碗不要接触锅里的水，只通过上升的热气来加热。注意，在融化巧克力时，请留意不要让水进入装巧克力的碗里，否则它就会结块，无法再加工。

水浴（冷水）

为了缩短布丁和奶油的冷却时间，人们会将碗直接放入装有冰水的盆里进行水浴。将一个大盆装满冷水和冰块，把热的糊状物装入相对较小的盆中，放置到冰水里。通过搅拌，糊状物会很快冷却下来。

柠檬皮碎

制作柠檬皮碎最好选用有机柠檬，这样的柠檬皮未经化学处理。将柠檬用热水清洗并擦干，用锉刀均匀用力擦掉柠檬外层的黄皮，它里面含有精油，因而具有清香气味。黄皮里面的白皮味道是苦的。

消散成玫瑰花形

人们将鸡蛋奶油搅拌加热至85℃时，用这种"消散成玫瑰花形"的方法来检验鸡蛋奶油是否已经足够黏稠。通过使劲吹提前浸入到奶油中的木制烹饪勺来检验：如果奶油的黏稠度合适，表层就会形成一层层的小圆圈，这会让人联想到玫瑰花。这种检验方法很重要，因为如果温度超过85℃，就无法成为乳状，那样它就会逐渐凝固。

索引

使用说明

除了烘焙食谱，这里也按照德语字母顺序制作了名词索引。此外，您也可以找到带有主要配料说明的烘焙食谱。

A

培养基 182, 228

基础烘焙食谱 182

苹果

苹果乳酪蛋糕 28

苹果酥皮卷 144

甜味小烤饼 195

佛罗伦萨苹果蛋糕 24

苹果夹心蛋糕 26

迷你苹果蛋挞 98

甜杏奶油蛋糕 20

油炸用油 161

擀面杖 231

B

烘焙模具 10, 19

烤箱 10

烤箱温度 77

烤箱纸 12

刷子 12

泡打粉 6

烘焙石板 10, 185

法式长棍面包：白面包基

础烘焙食谱 180/181

蛋白酥皮 228

大黄蛋白酥皮饼 30

香蕉

香蕉玛芬蛋糕 87

巧克力香蕉派 162

黑面包：农舍面包 222

蜜梨巧克力小蛋糕 22

戚风蛋糕

过夜醒发 107

柠檬奶油蛋糕卷 114

戚风蛋糕 107

基础烘焙食谱 104/105

手指饼干配草莓 108

专家提示 106/107

焯水 228

酥皮面团

基础烘焙食谱 158/159

专家提示 161

巧克力香蕉派 162

巧克力牛角面包 168

烤盘烘焙蛋糕

甜杏奶油蛋糕 20

樱桃奶油蛋糕 54

草莓蛋糕 96

预烘焙 19, 21

烫面面团

酥皮夹心小泡芙 153

咖啡奶油棒 156

基础烘焙食谱 148/149

树莓柏林包 172

专家提示 160

碱水 8 字形扭结面包 218

面包

面包的保存（温馨提示）222

专家提示 184/185

小面包

斯佩尔特小面包 188

麦麸小面包 194

专家提示 184/185

面包面团

基础烘焙食谱 180/183

专家提示 184/185

沸水泡发物 228

荞麦 228

黑麦杂粮面包 208

麦麸小面包 194

黄油 8，20

黄油奶油

法兰克福花环蛋糕 124

杜松子酒青柠蛋糕 130

摄政王蛋糕 126

樱桃黄油蛋糕 54

液体黄油：柠檬蛋糕 90

C

甘纳许巧克力奶油 229

巧罗丝——西班牙油条 176

蔓越莓 8

蔓越莓圣诞果脯蛋糕 68

牛角面包 (温馨提示) 169

D

电子秤 10

斯佩尔特小麦面粉 6, 185

斯佩尔特小面包 188

斯佩尔特胡萝卜面包 206

草莓蛋糕 96

小胡萝卜蛋糕 92

斯佩尔特粗粒面粉： 斯佩尔特
胡萝卜面包 206

辣味 & 甜味小烤饼 195

多瑙河之波： 大理石花纹蛋糕
& "多瑙河之波" 蛋糕 82

德累斯顿鸡蛋黄油蛋糕 58

E

咖啡奶油棒 156

鸡蛋 6，76，106，228

鸡蛋黄油蛋糕：德累斯顿鸡蛋
黄油蛋糕 58

长条小面包 60

打发蛋白霜 77，228

瑞士核桃蛋糕 44

草莓

草莓夹心奶油棒 157

草莓蛋糕 96

手指饼干配草莓 108

法式萨瓦兰草莓小蛋糕 70

F

黄油和食用油 6

烤面饼： 辣味 & 甜味小烤饼 195

"火焰之心" 曲奇 33

佛罗伦萨苹果蛋糕 24

佛罗伦萨圆形曲奇 32

佛卡夏奶酪面包 196

涂抹模具 19

法兰克福花环蛋糕 124

油炸

巧罗丝——西班牙油条 176

树莓柏林包 172

油炸奶渣球 174

专家提示 160/161

油炸用油 161

水果涂层

树莓奶油蛋糕 136

百香果蛋糕 134

G

甘纳许巧克力奶油 229

蜜梨巧克力小蛋糕 22

杜松子酒青柠蛋糕 130

摄政王蛋糕 126

装发酵面团用的小篮子 10

检验

面包是否烤熟 229

蛋糕是否烤熟 229

苹果夹心蛋糕 26

食用明胶 8，229

麦片： 黑麦杂粮面包 208

碾碎的大麦粒 229

谷粒小面包 210

奶油杂粮面包 202

杜松子酒青柠蛋糕 130

蛋糕冷却网架 12

粗粒小麦粉

谷粒小面包 210

奶油杂粮面包 202

意式松脆面包棒： 190

基础烘焙食谱

培养基和发酵面肥 182/183

戚风蛋糕面糊 104/105

酥皮面团 158/159

烫面面团 148/149

发酵面团 48/49

黄油鸡蛋酥松饼 16/17

软面糊 74/75

果馅酥皮卷面团 140/141

白面包面团 180/181

咕咕霍夫蛋糕

杏仁咕咕霍夫蛋糕 52

杏仁巧克力蛋糕 84

意大利潘妮托妮面包 (温馨提
示) 66

H

燕麦片

香蕉玛芬蛋糕 87

斯佩尔特胡萝卜面包 206

谷粒小面包 210

奶油杂粮面包 202

黑麦杂粮面包 208

搅拌器 10

榛子

林茨蛋糕 42

大理石花纹蛋糕 & "多瑙河之
波" 蛋糕 82

榛子角糕 38

榛子馅牛角包 62

小胡萝卜蛋糕 92
酵母 6，50，184

发酵面团

基础烘焙食谱 48/49
专家提示 50/51
葡萄干辫子面包 61
树莓柏林包 172
树莓奶油蛋糕 136
鹿角盐 229

小米

谷粒小面包 210
奶油杂粮面包 202
黑麦杂粮面包 208
荷兰式面糊：迷你苹果蛋挞 98
荷兰式酥皮蛋糕 164
蜂蜜 6

J | K

酸奶：香蕉玛芬蛋糕 87

咖啡

咖啡奶油棒 156
提拉米苏 110
可可粉 8

焦糖

酥皮夹心小泡芙 152
制作焦糖 229
马铃薯淀粉（淀粉）6

奶酪

辣味小烤饼 195
佛卡夏奶酪面包 196
葡萄干乳酪蛋糕 34
乳酪蛋糕 116
奶酪辫子面包 219
香浓松脆面包片 192

树根面包（温馨提示）204

樱桃

樱桃黄油蛋糕 54
荷兰式酥皮蛋糕 164
樱桃香草酥皮卷 145
多瑙河之波蛋糕 82
黑森林樱桃蛋糕 120

小点心

迷你西梅脆皮蛋糕 56
巧克力香蕉派 162
小圆面球 108

松脆点心

香浓松脆面包片 192
意式松脆面包棒 190
松脆面包片：香浓松脆面包片192
圆面包 215
蒜蓉面包：树根面包（温馨提示）204

椰蓉

芒果椰蓉蛋糕卷 114
巧克力香蕉派 162

果酱

"火焰之心"曲奇 33
法兰克福花环蛋糕 124
林茨蛋糕 42
萨赫蛋糕 100
麦麸小面包 194
谷粒小面包 210

药草

辣味小烤饼 195
佛卡夏奶酪面包 196
树根面包（温馨提示）204

花生糖 229

法兰克福花环蛋糕 124
摄政王蛋糕 126
糕点芯（面包芯）230
糕点表皮（面包皮）230
杯子蛋糕 86
蛋糕冷却网架 12
厨房多功能料理机 10
面团的冷却 18，51

南瓜籽

香浓松脆面包片 192
谷粒小面包 210

烘焙用巧克力块 8

巧克力的恒温处理（接种）230

L

碱水8字形扭结面包 218
碱水辫子面包 219
亚麻籽 192
香浓松脆面包片 192
谷粒小面包 210
奶油杂粮面包 202
黑麦杂粮面包 208
青柠：杜松子酒青柠蛋糕 130
林茨蛋糕 42
手指饼干配草莓 108

M

粗玉米粉

谷粒小面包 210
奶油杂粮面包 202
玉米淀粉（淀粉）6，231

杏仁 8

杏仁去皮 230

炒杏仁 230
蔓越莓圣诞果脯蛋糕 68
德累斯顿鸡蛋黄油蛋糕 58
草莓蛋糕 96
杏仁咕咕霍夫蛋糕 52
杏仁巧克力蛋糕 84
芒果：芒果椰蓉蛋糕卷 114
人造黄油 76
杏肉果酱 20
大理石花纹蛋糕：大理石花纹蛋糕 & "多瑙河之波" 蛋糕 (变换花样) 83

杏仁泥 8

擀杏仁泥 230
蔓越莓圣诞果脯蛋糕 68
杏仁咕咕霍夫蛋糕 52
树莓奶油蛋糕 136
百香果蛋糕 134
摄政王蛋糕 126
小胡萝卜蛋糕 92
萨赫蛋糕 100
巧克力香蕉派 162
巧克力慕斯蛋糕 122
黑森林樱桃蛋糕 120
马斯卡彭奶酪：提拉米苏 110

面粉 6

奶油杂粮面包 202
黑麦杂粮面包 208
餐刀检验法 75，229
电子秤 10

迷你蛋糕

蜜梨巧克力小蛋糕 22
杯子蛋糕 86
迷你苹果蛋挞 98
迷你西梅脆皮蛋糕 56

榛子角糕 38
意大利潘妮托妮面包 (温馨提示) 66
法式萨瓦兰草莓小蛋糕 70
法式烤布蕾 36
杂面面包：黑麦混合面包 224

胡萝卜

斯佩尔特胡萝卜面包 206
小胡萝卜蛋糕 92
慕斯：巧克力慕斯蛋糕 122
玛芬：香蕉玛芬蛋糕 87

黄油鸡蛋面团

黄油鸡蛋酥松饼基础烘焙食谱 16/17
专家提示 18/19

N

小苏打 230

碱水 8 字形扭结面包 218

牛轧糖 230

奶油榛子糖牛角包 62
巧克力牛角面包 168
擀面杖 12

坚果 8

瑞士核桃蛋糕 44
林茨蛋糕 42
大理石花纹蛋糕 & "多瑙河之波" 蛋糕 82
榛子角糕 38
榛子馅牛角包 62
小胡萝卜蛋糕 92

坚果糖

法兰克福花环蛋糕 124
摄政王蛋糕 126

奶榛子馅牛角包：奶油榛子糖牛角包 62

O|P

水果蛋糕胚：速成蛋糕 (温馨提示)78
蜜饯柑桔皮：意大利潘妮托妮面包 66
树根面包 204
意大利潘妮托妮面包 66
百香果蛋糕 134
植物油 6，161
刷子 12

小糕点

"火焰之心" 曲奇 33
佛罗伦萨圆形曲奇 32
榛子角糕 38
摄政王蛋糕 126

专家提示

戚风蛋糕面糊 106/107
酥皮面团 161
烫面面团 160
面包 & 小面包 184/185
发酵面团 50/51
黄油鸡蛋酥松饼 18/19
软面糊 76/77
果馅卷面团 160
特殊面团 160/161

布丁

酥皮夹心小泡芙 (变换花样) 153
树莓柏林包 (变换花样) 173
布丁粉 6

糖粉浇注料

小胡萝卜蛋糕 92

柠檬蛋糕 90

Q

奶油

甜杏奶油蛋糕 20

樱桃黄油蛋糕 54

蔓越莓圣诞果脯蛋糕 (温馨提示) 68

德累斯顿鸡蛋黄油蛋糕 58

葡萄干乳酪蛋糕 34

乳酪蛋糕 116

奶油杂粮面包 202

油炸奶渣球 174

陶盆奶油杂粮面包 198

奶油酥皮卷 142

提拉米苏 110

沸水泡发物 228

R

锉刀 13

大黄

大黄蛋白酥皮饼 30

力克塔乳清干酪： 蔓越莓圣诞果脯蛋糕 68

圆形曲奇： 佛罗伦萨圆形曲奇 32

黑麦面粉 6

农舍面包 222

圆面包 215

谷粒小面包 210

奶油杂粮面包 202

黑麦杂粮面包 208

树根面包 204

陶盆奶油杂粮面包 198

黑麦混合面包 224

粗粒黑麦面包 212

"心灵"面包棒 214

粗粒黑麦

谷粒小面包 210

黑麦杂粮面包 208

陶盆奶油杂粮面包 198

粗粒黑麦面包 212

甘蔗糖 6

葡萄干 8

苹果酥皮卷 144

杏仁咕咕霍夫蛋糕 52

葡萄干辫子面包 61

葡萄干乳酪蛋糕 34

意大利潘妮托妮面包 66

蛋糕卷： 柠檬奶油蛋糕卷 114

小胡萝卜蛋糕 92

麦麸面粉 231

麦麸小面包 194

辣味 & 甜味小烤饼 195

速成蛋糕 78

软面糊

基础烘焙食谱 74/75

温馨提示 76/77

S

萨赫蛋糕 100

奶油

打发奶油 231

芒果椰蓉蛋糕卷 114

柠檬奶油蛋糕卷 114

酥皮夹心小泡芙 152

树莓奶油蛋糕 136

荷兰式酥皮蛋糕 164

乳酪蛋糕 116

咖啡奶油棒 156

大理石花纹蛋糕 & "多瑙河之波"蛋糕 82

百香果蛋糕 134

法式萨瓦兰草莓蛋糕 70

巧克力慕斯蛋糕 122

黑森林樱桃蛋糕 120

酸樱桃

樱桃黄油蛋糕 54

"多瑙河之波"蛋糕 82

荷兰式酥皮蛋糕 164

樱桃香草酥皮卷 145

黑森林樱桃蛋糕 120

发酵面肥 6，185

斯佩尔特胡萝卜面包 206

农舍面包 222

基础烘焙食谱 182/183

圆面包 215

谷粒小面包 210

奶油杂粮面包 202

黑麦杂粮面包 208

树根面包 204

黑麦混合面包 224

粗粒黑麦面包 212

"心灵"面包棒 214

吐司面包 186

酸奶油

甜杏奶油蛋糕 20

辣味 & 甜味小烤饼 195

树根面包 (温馨提示) 204

法式萨瓦兰草莓小蛋糕 70

火腿： 树根面包 (温馨提示) 204

打蛋器 12

巧克力

蜜梨巧克力小蛋糕 22

酥皮夹心小泡芙 (变化花样)153

草莓蛋糕 96

杏仁巧克力蛋糕 84

榛子角糕 38

萨赫蛋糕 100

巧克力香蕉派 162

巧克力牛角面包 168

巧克力慕斯蛋糕 122

粗粒谷物 231

汽蒸（用水蒸气烘焙） 231

黑森林樱桃蛋糕 120

"心灵"面包棒 214

芝麻

香浓松脆面包片 192

黑麦杂粮面包 208

过滤网漏勺 12

糖浆 6

葵花籽

香蕉玛芬蛋糕 87

香浓松脆面包片 192

谷粒小面包 210

奶油杂粮面包 202

黑麦杂粮面包 208

抹刀 12

熏肉：辣味小烤饼 195

淀粉 6，231

特殊面团

酥皮面团基础烘焙食谱 158/159

烫面面团基础烘焙食谱 148/149

果馅酥皮卷面团基础烘焙食谱 140/141

专家提示 160/161

裱花袋 12

筷子检验法 (检验蛋糕是否烤熟) 229

淀粉 6

裱花嘴 12

果脯蛋糕：蔓越莓圣诞果脯蛋糕 68

糖粉奶油细末 231

樱桃黄油蛋糕 54

迷你西梅脆皮蛋糕 56

果馅蛋糕卷

苹果酥皮卷 144

基础烘焙食谱 140/141

樱桃香草酥皮卷 145

专家提示 160

奶油酥皮卷 142

樱桃杏仁酥皮卷 142

T

小蛋糕

法式烤布蕾 36

迷你苹果蛋挞 98

蛋挞：迷你苹果蛋挞 98

擀面杖 231

烘焙刮刀 12

抹刀 12

提拉米苏 110

吐司面包 186

陶盆：陶盆奶油杂粮面包 198

小蛋糕：蜜梨巧克力小蛋糕 22

蛋糕

杜松子酒青柠蛋糕 130

树莓奶油蛋糕 136

乳酪蛋糕 116

林茨蛋糕 42

百香果蛋糕 134

摄政王蛋糕 126

巧克力慕斯蛋糕 122

黑森林樱桃蛋糕 120

提拉米苏 110

弹性检验法 75，231

果脯 8

干酵母 50

V|W

香草奶油

草莓蛋糕 96

佛罗伦萨苹果蛋糕 24

大理石花纹蛋糕 & "多瑙河之波"蛋糕 82

迷你西梅脆皮蛋糕 56

法式奶油烤布蕾 36

香草籽 8，232

老面 232

水浴（热水） 232

水蒸气 185

水蒸气：杏仁咕咕霍夫蛋糕 (温馨提示) 52

面粉 6，185

粗粒面粉：粗粒黑麦面包 212

抹刀 12

树根面包：树根面包 204

Z

蜜饯柠檬皮：意大利潘妮托妮面包 66

柠檬蛋糕 90

柠檬奶油：柠檬奶油蛋糕卷 114

柠檬皮 8

柠檬皮碎 232
白砂糖 6

甜菜糖浆 6
消散成玫瑰花形 232

西梅：迷你西梅脆皮蛋糕 56

购买指南

搜索、找到、订购

www.alleszumbacken.de
种类齐全的烘焙配件和烘焙原料，如：夹心巧克力软糖料、杏仁泥、压模、模具。

www.backen-wie-die-profis.de
高档手工模具，如：特制烤盘、吐司面包和蛋糕烘焙模具、各种尺寸的圆形蛋糕模具圈、搅拌桶及放置发酵面团的小篮子。

www.backwelt24.de
烘焙模具、烘焙工具以及厨房多功能料理机，如烘焙专家所具备的从标准的烘焙模具到特殊的烘焙模框和压模均可买到。

www.bosfood.de
美食网店，出售各种烘焙原料，如：各种类型的果冻胶和果泥。

www.getreidemuehlen.de
面包师所需要的所有小器具，除了谷物碾磨机和筛子，还有发酵用的小篮子、带盖的烘焙模具。

www.pati-versand.de
糕点师和甜品师所需要的所有用品，如：压模、烘焙模具、擀面仗、裱花袋和裱花嘴，以及优质巧克力块。

www.pizzastein-shop.de
平价的各种尺寸和强度的烘焙石板；特殊规格的也可以买到。

www.tortissimo.de
种类齐全的烘焙配件和原料——烘焙模具、蛋糕模具圈、擀面杖、夹心巧克力软糖料以及食用色素。

缩略语

○○○○ = 难易度说明

●○○○ = 非常简单的食谱

●●○○ = 简单的食谱

●●●○ = 中等难度的食谱

●●●● = 高难度的食谱

本书图片

茱莉亚·霍尔什奇（摄影）

佩特拉·施佩克曼（美食造型）

米里亚姆·盖尔（造型及道具）

斯特芬尼·施魏格特（人物摄影）

Lust auf Backen

by Hannes Weber © 2014 by Gräfe und Unzer Verlag GmbH, München

Chinese translation (simplified characters) copyright © 2018 by Publishing House of

Electronics Industry (PHEI)

本书简体中文版经由Gräfe und Unzer Verlag GmbH, München授予电子工业出版社

在中国大陆出版与发行。专有出版权受法律保护。

版权贸易合同登记号 图字：01-2017-2425

图书在版编目（CIP）数据

德国百年烘焙世家经典配方 / （德）海恩斯·韦伯著；王玉燕译. — 北京：电子工业出版社，2018.4

ISBN 978-7-121-32026-2

Ⅰ.①德… Ⅱ.①海… ②王… Ⅲ.①烘焙- 糕点加工 Ⅳ.①TS213.2

中国版本图书馆CIP数据核字（2017）第144220号

策划编辑：白 兰

责任编辑：鄂卫华

印 刷：中国电影出版社印刷厂

装 订：中国电影出版社印刷厂

出版发行：电子工业出版社

北京市海淀区万寿路173信箱 邮编 100036

开 本：889×1194 1/16 印张：15 字数：398千字

版 次：2018年4月第1版

印 次：2018年4月第1次印刷

定 价：108.00元

凡所购买电子工业出版社图书有缺损问题，请向购买书店调换。若书店售缺，请与本社发行部联系，联系及邮购电话：（010）88254888，88258888。

质量投诉请发邮件至zlts@phei.com.cn，盗版侵权举报请发邮件至dbqq@phei.com.cn。

本书咨询联系方式：（010）68250802。